BIRGA DEXEL

Katzenliebe

52 faszinierende Einblicke in die geheimnisvolle Welt der Katzen

Katzen machen das Leben lebenswerter

Wir genießen die Nähe zu Tieren, ihre Lebendigkeit, ihre Wärme und ihr Vertrauen. Tiere machen unser Leben reicher, viele Menschen würden auf vieles verzichten, nie aber auf ihre Katze, ihren Hund, ihr Pferd oder ein anderes Heimtier, das ganz selbstverständlich zur Familie gehört. Im Umgang mit Tieren erleben und erkennen wir uns selbst. Verantwortung für das Wohlergehen von Tieren zu übernehmen, ist eine große Aufgabe, die Hingabe und vollen Einsatz verlangt, aber auch viel Glück bringen kann.

Zeit für Zuneigung und Zärtlichkeit

Ich kann mir einen Tag ohne Katzen nicht vorstellen. An allen 365 Tagen des Jahres möchte ich mit meinen Fellnasen zusammen sein, mit ihnen Vertrautes genießen, Neues entdecken – und mich dabei auch immer wieder von ihnen, ihren Einfällen, ihrer Neugier und ihrem Erkundungsdrang überraschen lassen. Unsere Katzen begleiten uns durch die Jahreszeiten. Wir erleben sie im Frühling und Sommer, wenn sich die Natur erneuert und verändert und sie bei ihren ausgedehnten Streifzügen mit aufregend neuen Situationen konfrontiert werden, wir beobachten ihr Verhalten, wenn es im Herbst und Winter kälter und dunkler wird und sie als Dämmerungsjägerinnen in ihrem Element sind, aber auch, wenn sie nun häuslicher werden, die wohlige Wärme der Wohnung und die Schmusestunden mit dem Menschen genießen.

Um die Zuneigung und Zärtlichkeit und das offene Wesen einer Katze zu erleben und auf uns wirken zu lassen, müssen wir uns jedoch Zeit nehmen. Katzenliebe ist kein beiläufiges Produkt, das man nach Belieben im Fünf-Minuten-Takt an- und ausschalten kann. Katzen registrieren sofort, wenn man sich nur en passant mit ihnen beschäftigt und ihnen nicht seine ganze Aufmerksamkeit schenkt. Sie erziehen uns dazu, eine Sache ernst zu nehmen oder lieber die Finger davon zu lassen – ein Verhalten, das nicht nur im Umgang mit Samtpfoten empfehlenswert ist.

Was Katzen sind und was Katzen wollen

Dieser Kalender soll Sie und Ihre Katze ein Jahr lang begleiten. Vielleicht schlagen Sie in jeder Woche eine neue Seite auf, während Ihr vierbeiniger Liebling schnurrend auf ihrem Schoß liegt. Nutzen Sie diesen Moment, um innezuhalten und sich der besonderen Verbindung zu dem kleinen Mitgeschöpf bewusst zu werden, das Ihnen Vertrauen und Liebe schenkt.

Mit Charme, Charakter und Köpfchen

Die Porträts dieses Kalenders zeigen Katzen in all ihrer Vielfalt und Schönheit. Es gibt sie alle, die starken und die zarten Katzen, die kurz- und langhaarigen, die einfarbigen, geschecken und gestreiften, die Temperamentsbolzen und die Ruhigen, die Plaudertaschen und die Stillen. Und neben den wunderbaren Europäisch Kurzhaarkatzen, den beliebtesten Katzen, auch die Rassekatzen, von denen etliche durch natürliche Mutation entstanden sind. Jede Katze ist eine Persönlichkeit mit eigenem Charakter und eigenem Köpfchen, die Ansprüche unmissverständlich anmeldet und weiß, wie sie ihre Wünsche durchsetzen kann.

Ein ganzes Jahr lang bieten Ihnen die Begleittexte in diesem Kalender Woche für Woche neue Sichtweisen vom Leben und Verhalten der Katze und von der Partnerschaft des Menschen mit Katzen. Die kleinen Beiträge sollen dazu beitragen, die elementaren Bedürfnisse unserer vierbeinigen Hausfreunde und die unverzichtbaren Voraussetzungen für ihre Haltung und Pflege besser kennenzulernen. Sie sollen zum Nachdenken darüber anregen, wie man Katzen das Leben unter unserem Dach noch angenehmer und abwechslungsreicher gestalten kann. Und vielleicht versetzen Sie manche Texte auch in Erstaunen, wenn Sie lesen, wie Katzen die Welt mit ihren hochentwickelten Sinnen wahrnehmen und zu welchen ungewöhnlichen Leistungen sie fähig sind. Sich auch in Menschenhand möglichst artgerecht entfalten zu dürfen, halte ich für ein Grundrecht der Katzen. Und wir sind zum Schutz dieses Rechts aufgerufen. Dieser Kalender bietet Ihnen fundiertes Wissen über Katzen mit einem besonderen Augenmerk auf der Haltung von Wohnungskatzen und ihrer harmonischen Beziehung zum Menschen.

Anpassung an veränderte Lebensbedingungen

In den letzten Jahrzehnten hat sich die Lebensrealität von Katzen dramatisch verändert. Trafen wir früher in der Mehrheit Katzen auf dem Land an, wo sie relativ selbstbestimmt lebten, solange sie die für den Bauern lästigen Nager dezimierten, leben sie heute meist in Haus und Wohnung – und immer mehr von ihnen ohne Freigang. Die Katze ist das beliebteste Heimtier der westlichen Welt und hat den Hund auf der Beliebtheitsskala schon lange weit hinter sich gelassen. 8,4 Millionen Hauskatzen gibt es in Deutschland. Und damit liegen wir nur im Mittelfeld, in anderen Ländern ist die Katzendichte in Relation zur Bevölkerungszahl noch deutlich höher. Katzen gelten leider als pflegeleicht und weniger zeitintensiv als Hunde, man glaubt, alle Katzen seien unsoziale Einzelgänger und mehr ans Haus als an den Menschen gebunden. Viele ihrer Grundbedürfnisse werden missachtet, wenn sie immer noch als ideale Tiere für Berufstätige und vor allem für berufstätige Singles angepriesen werden. Es sind all diese längst überholten, aber offenbar unausrottbaren Ansichten, die oft zu traurigen Katzenschicksalen führen.

Ich möchte Sie mit diesem Wochenkalender dazu ermutigen, genauer hinzuschauen, was für ein herrliches Tier in einem Katzenkörper steckt. Ich möchte Sie in jeder Woche begeistern und berühren und dazu beitragen, dass Sie die Welt der Katzen besser verstehen. Dazu gehört die Erkenntnis, dass wir die Fähigkeit haben, uns in eine Katze hineinzufühlen. Wir sind mit unseren Fellnasen in einem ständigen energetischen Austausch von Stimmungen und Gefühlen, den wir selbst oft nicht bemerken, der von den Katzen aber sehr wohl registriert wird.

Ansprüche erkennen und in der Praxis umsetzen

Wissen ist der erste Schritt zum Tier. Leider wird die Entscheidung für eine Partnerschaft mit der Katze oft genug nicht vom Wissen über ihre Lebensweise und Bedürfnisse, sondern von einem spontanen Bauchgefühl bestimmt. In der Praxis bleiben Dissonanzen und Probleme dann nicht aus. Die grundsätzliche Herausforderung lautet: Wie lassen sich die Haltungsbedingungen so optimieren, damit unsere Katzen ein Leben führen können, das ihre Ansprüche so weit wie möglich befriedigt?

Die Themenbereiche des Katzenkalenders

Die Beiträge in diesem Katzenkalender sind vier unterschiedlichen Themenbereichen zugeordnet (siehe unten). Zu welchem Themenbereich ein Text gehört, zeigt Ihnen das auf den Textseiten jeweils rechts oben stehende Logo.

Verhalten und Sinnesleistungen
Basics, Detailinformationen und neue Erkenntnisse über Verhaltensweisen und Sinnesleistungen

Geschichten rund um die Katze
Außergewöhnliche und anrührende Erlebnisse von und mit Katzen

Praxis der Katzenhaltung
Informationen und Tipps zur Haltung und Pflege von Katzen

Partnerschaft von Mensch und Katze
Wissenswertes und Erstaunliches über eine faszinierende Beziehung

Verhalten und Sinnesleistungen

Der Katzenkörper ist ein Wunder an Geschmeidigkeit, Beweglichkeit und Kraft. Er befähigt die Katze dazu, in jeder Situation blitzschnell zu reagieren – auf der Jagd, im Kampf und beim spielerischen Gerangel mit Artgenossen, beim Hakenschlagen auf der Flucht, beim Balancieren auf kaum pfotenbreiten Geländer, beim Zielsprung und beim Erklettern von Bäumen. Es gibt kaum ein Tier, dessen körperliche Anlagen ihm so viele Aktivitäten erlauben wie die der Katze. Untrennbar damit verbunden sind ihre hochentwickelten Sinnesorgane.

Ganz Auge und Ohr
Nicht anders als wir leben Katzen in erster Linie in einer optischen Welt, auch wenn ihr Gehör den Augen an Leistungsfähigkeit kaum nachsteht. Katzenaugen sehen noch hervorragend im Dämmerlicht, wenn der Mensch längst im Dunkeln tappt. Für die Dämmerungsjägerin ist das eine unabdingbare Voraussetzung für den Beuteerfolg. Die Ohrmuscheln ähneln Richtantennen, die unabhängig voneinander Geräuschquellen orten können. Das Katzenohr

nimmt Frequenzen bis in den Ultraschallbereich von fast 70.000 Hz wahr und registriert selbst die hohen und sehr leisen Fieptöne, mit denen sich Mäuse untereinander verständigen.

Mit der Nase kommunizieren

Auch wenn es die Katze mit der Riechleistung eines Hundes nicht aufnehmen kann, spielen Düfte in ihrem Leben eine wichtige Rolle. Draußen setzt sie in ihrem Revier an exponierten Stellen mit Harn und manchmal auch mit Kot Duftmarken ab, die anderen Katzen signalisieren, wer hier wann markiert hat und ihnen Status und Ansprüche der Revierinhaberin vermitteln. Sowohl weibliche wie männliche Katzen markieren. Krallenwetzen hat vor allem optischen Signalcharakter, aber auch dabei hinterlässt die Katze Duftabdrücke. In der Wohnung imprägniert sie Möbel, Artgenossen, andere tierische Mitbewohner und auch den Menschen mit Duftstoffen, die von Drüsen an Kinn, Wangen und After abgegeben werden, indem sie Wangen, Körperflanken oder das Hinterteil an ihnen reibt und sie so als »Privatbesitz« deklariert. Diese Aktionen werden regelmäßig wiederholt. Auch beim Köpfchengeben überträgt die Katze ihren Geruch auf den Partner. Beim Flehmen werden Geruchsinformationen über die Zunge ans Jacobsonsche Organ im Gaumendach weitergeleitet und hier analysiert. Flehmende Katzen haben einen typischen Gesichtsausdruck: Der Mund ist leicht geöffnet, die Nase gerümpft, die Oberlippe hochgezogen, der Blick geht entrückt in die Ferne. Ausgelöst wird Flehmen durch intensive Gerüche, etwa den Sexuallockstoff der rolligen Kätzin.

Informationsaustausch beim Begrüßungsritual

Wenn sich zwei Katzen im Revier oder Streifgebiet begegnen, nähern sie sich frontal, bis sie sich fast mit den Nasen berühren. In dieser Stellung beschnuppern sich intensiv und nehmen dabei auch über ihre abgespreitzten Barthaare Informationen auf. In der Regel folgt der Nasenkontrolle die gegenseitige Überprüfung des »Analgesichts«, der Region um den After. Hier erfährt die Katze genau, mit wem sie es zu tun hat. Weniger selbstbewusste und ängstliche Tiere verweigern oft die Duftprobe ihres »Analgesichts«, weil sie nicht zu viel Persönliches preisgeben wollen.

Begegnen sich befreundete oder gut miteinander bekannte Katzen auf ihren Streifzügen, beschränkt sich das Begrüßungsritual oft auf ein flüchtiges Beschnuppern. Man weiß ja, wen man vor sich hat.

Mit dem Schnurrbart und ihren anderen langen, steif abstehenden Tasthaaren nehmen Katzen jede Berührung wahr, mehr noch: Die auch Vibrissen genannten Tasthaare reagieren sogar auf die feinen Luftverwirbelungen, die an allen festen Körpern auftreten und geben so berührungslos Rückmeldung. Druckempfindliche Sinneszellen in den Sohlenballen der Pfoten registrieren kleinste Erschütterungen des Bodens, wobei die Rezeptoren der Vorderpfoten noch sensibler sind als die der Hinterpfoten.

Katzen sind ein Erfolgsmodell der Evolution. Die Familie der Echten Katzen (Felidae) existiert seit über 40 Millionen Jahren. Katzen haben bis auf Australien, Madagaskar, Grönland, die Nordpolarregion und die Antarktis alle Lebensräume und Klimazonen der Erde erobert. Ob Löwe, Luchs, Leopard, Falb- oder Hauskatze: Eine Katze erkennt man auf den ersten Blick. Daran haben alle Zuchtversuche wenig ändern können. Was für den Körperbau gilt, trifft auch aufs Verhalten zu. Katzen sind Schleichjäger, die sich von ihrer Beute ernähren. Großkatzen erlegen oft Tiere, die größer sind als sie selbst; bei der Hauskatze sind es hauptsächlich bodenlebende Nager und andere Kleintiere. Auch nach 10.000 Jahren der Partnerschaft mit dem Menschen hat sich das Verhalten der Katze nicht geändert: Auf der Jagd, bei der Feindabwehr, im Sexualverhalten, in ihren Territorialansprüchen und beim Erkunden unbekannten Terrains ist sie ein getreues Abbild ihrer wild lebenden Vorfahren. Nur im Zusammenleben mit ihren menschlichen Bezugspersonen zeigen Hauskatzen auch noch ein anderes Gesicht: Sie genießen das Rundum-Sorglos-Paket wie bei Muttern. Und haben dabei gelernt, ihre Erwartungen und Forderungen mit der geeigneten Körper- und Lautsprache durchzusetzen. So hat die Domestikation letztlich doch Erfolg gehabt. Wenn vielleicht auch etwas anders als wir es bei den ersten Begegnungen erwartet haben …

Geschichten rund um die Katze

Über Katzen lässt sich viel erzählen. Sie ziehen uns magisch an und bringen uns zum Staunen. Im Laufe der langen gemeinsamen Geschichte hat sich unser Verhältnis oft gewandelt – von der göttergleichen Verehrung der Katze im Alten Ägypten über ihre Brandmarkung als Teufelswerk und Begleiterin der Hexen im dunklen Mittelalter bis in unsere Tage, wo sie vielen Singles zum wichtigen Ansprechpartner und Familien zum lebendigen Mittelpunkt geworden ist, zur Muse von Künstlern und Schriftstellern und zum Vorzeigeobjekt stolzer Rassezüchter.

Der Volksmund weiß über Katzen viel zu sagen. Nicht immer wird ein positives Bild gezeichnet, denn die Unabhängigkeit und gleichzeitige Nähe der Katze zu uns ist vielen Menschen nach wie vor rätselhaft und suspekt. Katzen verfügen über Sinnesleistungen, die uns verschlossen bleiben. Wie aufregend wäre es, die Welt einmal durch ihre Augen zu sehen – wenn auch nur für kurze Zeit. Und nicht zuletzt steht der legendäre siebte Sinn der Katze im Mittelpunkt vieler Erzählungen und Anekdoten, bei denen die Sphinx auf leisen Pfoten die Hauptrolle spielt.

Praxis der Katzenhaltung

Jede Katze ist anders, jede ist eine eigenständige Persönlichkeit, auf deren Erwartungen der Mensch individuell eingehen muss. Doch in ihren Grundbedürfnissen und im Verhalten bleiben Katzen Katzen, ob Freigänger, Stubenhocker oder wild lebende Verwandtschaft. Wir sollten uns erinnern, was Katzen draußen machen: durchs Revier pirschen, auf Bäume klettern, die Krallen schärfen, Duftmarken absetzen, auf Dachvorsprüngen und Mauern balancieren, von erhöht liegenden Punkten die Umgebung beobachten, sich an Beutetiere anschleichen, sie belauern und attackieren, aber auch entspannt in der Sonne liegen, Kumpels treffen oder manchmal sogar neue Freundschaften schließen.

Einer Wohnungskatze können wir diese Freiheiten zwangsläufig nur ansatzweise bieten, aber wir sollten versuchen, ihr Lebensumfeld so zu gestalten, dass sie angeborene Verhaltensabläufe möglichst unbehindert ausleben kann. Man muss dazu nicht Katze werden, um seinen Haustiger glücklich zu machen. Oft sind es nur kleine Nachlässigkeiten und unbeabsichtigte Fehlhandlungen, die für Kratzer in der Partnerschaft sorgen: der verschobene Fütterungstermin, eine vergessene Spielstunde, die verspätete Heimkehr, die Bevorzugung eines anderen Heimtieres.

Das Glück der Katze verlangt keine großen Schritte, wohl aber Geduld, ein waches Auge für ihre Befindlichkeit und nicht zuletzt die Konsequenz, einmal erteilte Vergünstigungen einzuhalten. Bestes Beispiel: Katze und Bett. Katzen lieben es, im Bett bei ihrem Menschen zu schlafen, und die meisten Halter genießen die gemeinsame Zeit. Wurde die Erlaubnis erteilt, sollte man sie nicht widerrufen. Ansonsten gibt es Ärger. Und der ist dann auch verständlich.

Partnerschaft von Mensch und Katze

Es fällt nicht leicht, zurückzustecken und vertraute Gewohnheiten zu hinterfragen. Das gilt auch im Umgang mit unseren Stubentigern. In der Regel erwarten wir, dass sie sich unserem Lebensrhythmus und Tagesablauf anpassen. Das hat oft zur Folge, dass uns der Blick für ihre wunderbare Andersartigkeit und Eigenständigkeit verloren geht. Es braucht nicht viel, um ein Gespür für die besondere Wesensart der Katze zu bekommen, wir müssen uns nur die Zeit nehmen, die Katze in ihrem Alltag zu beobachten. Mit dem Bewusstsein, dass die vierbeinige Partnerin bestimmte Erwartungen an die Beziehung zum Menschen knüpft und auch geltend macht, wachsen unser Verständnis und die Bereitschaft, Kompromisse einzugehen und der Katze Freiräume zuzugestehen. Und schon bald registrieren wir, dass selbst kleine Zugeständnisse die Beziehung bereichern.

Mein persönlicher Wunsch an Sie

Nehmen Sie sich Zeit für Ihre Katze, um zu spüren, wie die Partnerschaft wächst und um die Verwandtschaft ihrer Seelen zu entdecken. Katzen danken uns diese Freundschaft mit ihrer Nähe und Zuneigung. Und wir erkennen, dass eine Beziehung von Mensch und Tier auf Augenhöhe möglich und erstrebenswert ist und das sie unser Leben entscheidend bereichert. Herzlich Ihre

Birga Dexel

Vom Lächeln der Katze
Blinzeln heißt »Ich komme in Frieden, Du auch?«

Viele Tierarten vermeiden direktes Anstarren, da es zu den Signalen gehört, die Spannung oder einen Konflikt kommunizieren. Das gilt auch bei Katzen. Wird der direkte Blick aber durch Blinzeln unterbrochen, hat das Anstarren eine andere Bedeutung: Jetzt ist es als Beschwichtigung und sogar als Zuneigungsbeweis zu verstehen.

Katzen kommunizieren sehr subtil auch über Augenkontakte mit Artgenossen und Menschen. Man muss diese Blicke nur zu lesen wissen. Ununterbrochenes längeres Anstarren lässt auch bei der Katze darauf schließen, dass sie unter Anspannung steht. Bei der Konfrontation mit einem Rivalen dient das Duell der Blicke dazu, ihn in seine Schranken zu verweisen, bis der Unterlegene die Augen abwendet. Auch wir sollten einer Katze nicht direkt in die Augen starren, sie wird es als unangenehm empfinden und eventuell auf Distanz gehen. Ein Augenkontakt mit Blinzeln oder Zwinkern hingegen ist ganz anders zu lesen – hier begegnen sich Katzen untereinander und ebenso dem Menschen gegenüber freundlich. Blinzeln ist ein Signal des Wohlwollens und der Zuwendung. Fangen wir den Blickkontakt auf, vielleicht in einem Moment der Ruhe, wenn uns die Katze bewusst den Kopf zuwendet, dann dürfen wir ihr sogar direkt in die Augen schauen – vorausgesetzt, wir blinzeln ganz langsam zurück. Sobald aber unser kleiner Tiger den Kopf abwendet, heißt das: Es ist genug. Die Katze jetzt weiter anzustarren wäre eine nicht sehr freundliche Geste.

Ein Blick, der Wohlwollen signalisiert

Versuchen Sie es, schauen Sie Ihrer Katze in die Augen und blinzeln Sie ein paarmal. Vielleicht ernten Sie ein Augenlächeln, was im Fall der Katze immer ein Blinzeln ist. Die Katzenforscherin Mircea Pfleiderer spricht deswegen vom »Lächeln der Feliden«.

Der Hund mag wundervolle Prosa sein, aber nur die Katze ist Poesie.

FRANZÖSISCHES SPRICHWORT

Heilung für Körper und Seele
Wenn die Katze schnurrt, geht es dem Menschen gut

Katzen sind kleine Therapeuten. Das offenbart sich ganz speziell in einer ihrer Eigenarten, die uns besonders anrührt: im Schnurren. Längst ist vielfach belegt, dass uns die Nähe einer schnurrenden Katze beruhigt. Der Blutdruck stabilisiert sich, Heilungsprozesse werden beschleunigt und sogenannte Glückshormone ausgestoßen. Kein Wunder, dass wir uns mit einer Katze auf dem Schoß so wunderbar ausgeglichen und zufrieden fühlen. Katzen tun dem Menschen einfach gut.

Es gibt heute viele Studien zur Beziehung zwischen Tier und Mensch, in denen die wohltuende Wirkung einer Partnerschaft zwischen Katze und Halter beschrieben und dokumentiert wird. Wir freuen uns, wenn wir beim Heimkommen schnurrend von unserem kleinen Wohnungstiger begrüßt werden; wir genießen die Liebkosungen, wenn sich ein kleiner Katzenkopf an unserer Wange reibt; wir entspannen mit einem weichen und warmen Fellbündel im Arm auf der Couch; wir liegen im Bett und lauschen dem rhythmischen Schnurren der an uns gekuschelten Katze und schlafen beruhigt ein. Unsere Vierbeiner machen uns glücklich und ihr Schnurren ist die Begleitmusik zum Entspannen und Loslassen. Das Schnurren der Katze hat auf unsere Psyche eine ausgleichende Wirkung und baut nachweislich Stress ab. Vergleichbar ist dieser wohltuende Einfluss mit psychologischen Entspannungsmethoden wie etwa dem autogenen Training. Es ist die beste Medizin für Herz und Seele. Immer öfter werden Katzen auch als Co-Therapeuten in der Rehabilitation kranker und behinderter Menschen eingesetzt.

Wer viel Zeit mit Katzen verbringt, erfährt ein Gefühl der Geborgenheit und findet seine eigene Mitte wieder. Danken sollten wir es den Samtpfoten, indem wir dafür sorgen, dass auch sie sich bei uns wohlfühlen. Ihr Schnurren beweist es uns.

Wenn ich dich geruhsam streichle, am Kopf und auf dem schlanken Rücken, so bebt die Hand mir vor Entzücken, auf dass ich dich noch mehr umschmeichle.

Charles Baudelaire

3 Ein wahrer Freund in der Not
Wie Kater Pudding zum Lebensretter wurde

Katzen als Lebensretter machen immer wieder Schlagzeilen. Weil Katzen aber im Ruf stehen, unabhängig und ungebunden zu sein, trauen ihnen viele Menschen ein selbstloses Verhalten nicht zu. Die meisten Menschen halten sie für nur am eigenen Wohl interessierte Egoisten. Wie könnten sie da einem in Not geratenen Menschen helfen?

Seit einer Schreckensnacht kann eine Familie aus den USA das Vorurteil, dass Katzen sich nur um sich selbst kümmern, nachweislich widerlegen. Zur Familie gehört ein Kater mit Namen Pudding, ein rot-weiß gestreifter Findling, der erst vor Kurzem aus dem örtlichen Tierheim übernommen wurde und sich von Anfang an in seinem neuen Zuhause heimisch und wohl fühlte. Doch schon wenige Tage später kommt es zu dem dramatischen Ereignis, das ohne die außergewöhnliche und schnelle Rettungsaktion des Katers ein schlimmes Ende genommen hätte.

Die Mutter, seit ihrer Kindheit Diabetikerin, erleidet im Schlaf einen Zuckerschock und droht ins Koma zu fallen. Das ist der Moment, in dem Kater Pudding auf ihre Brust springt, sie immer wieder im Gesicht anstupst und solange nicht von ihr ablässt, bis die Frau das Bewusstsein wiedererlangt.

Als ihre Hilferufe von ihrem im Nebenzimmer schlafenden Sohn nicht gehört werden, läuft Pudding in dessen Zimmer und springt und trampelt so lange auf dem Bett herum, bis der Junge erwacht und Hilfe holt. Arzt und Familie sind sich einig, dass die Mutter ohne Puddings Einsatz die Nacht nicht überlebt hätte. Mittlerweile hat sich der Kater zur echten »Therapiekatze« entwickelt. Er ist ständig in der Nähe seiner Halterin und wird unruhig und miaut unüberhörbar, wenn er spürt, dass ihr Blutzuckerspiegel gefährlich absinkt. Ganz offensichtlich wird er dabei vom Azetongeruch des Atems alarmiert, der ein typisches Anzeichen für einen Zuckerschock ist.

*Die Menschheit lässt sich grob in zwei Gruppen einteilen:
in Katzenliebhaber und in vom Leben Benachteiligte.*

FRANCESCO PETRARCA

Mit Katzen kommunizieren
Empathie ist der Schlüssel zum Katzenherz

Anderen Menschen bleibt es meist verborgen, aber Katzenhalter wissen oft intuitiv, was ihre Tiere wollen. Umgekehrt ahnen die Stubentiger, was wir vorhaben, oft schon, bevor wir es ausführen. Mensch und Tier kommunizieren auf vielen Ebenen. Nicht alle kann man konkret benennen. So kommt zur Körper- und Lautsprache noch etwas hinzu, das zum intuitiven Wahrnehmungsbereich gehört.

Das haben viele Katzenbesitzer schon erlebt: Man muss nur an die Futterzubereitung denken und schon rennt die Katze freudig zu ihrem Fressplatz. Oder man wundert sich, woher sie schon einen Tag vorher weiß, dass der Besuch beim Tierarzt ansteht und an diesem Tag nicht vom Freigang nach Hause kommt. Wir beobachten den zusammengerollt auf seinem Ruheplatz liegenden Kater und wissen intuitiv, dass es ihm nicht gutgeht. Der Tierarzt bestätigt unser intuitives Wissen. Schließlich gibt es noch die Katzen, die tagtäglich auf die Minute pünktlich an der Wohnungstür stehen und uns begrüßen, wenn wir von der Arbeit nach Hause kommen. Ist das Intuition? Oder gar Fernfühlen? Wenn wir ein Gespür für das entwickeln, was unsere vierbeinigen Partner bewegt, übersetzen wir es in eine Sprache, die wir verstehen: Bilder, Wörter, Farben, Empfindungen. Mit Tieren kommunizieren ist immer eine Übertragung von einer Seite zur anderen, ein Senden und Empfangen. Alles, was wir dafür brauchen, sind wache Sinne und Empathie, ein Gefühl für die Befindlichkeit eines Mitgeschöpfs. Wer hellhörig und offen für kleinste Wahrnehmungen ist, dem wird nichts entgehen. Eine Katzenseele weiß sich kundzutun. Freude und Liebe, Trauer, Angst und Schmerz: Die Gefühle und Stimmungen, die eine Katze bewegen, sind den unseren sehr ähnlich. So wird die intuitive Verbindung zwischen Mensch und Tier erlebbar und zu einem wichtigen und bereichernden Band des Vertrauens.

Die Augen einer Katze sind Fenster,
die uns in eine andere Welt blicken lassen.

IRLÄNDISCHES SPRICHWORT

Wovon träumen Katzen?
Auch Katzen verarbeiten im Schlaf den Alltag

Immer wieder zucken die Pfoten, die Ohrmuscheln drehen sich nach vorn und hinten, unter den leicht geöffneten Lidern bewegen sich die Augäpfel im schnellen Rhythmus hin und her, man hört schmatzende Geräusche und manchmal leises Miauen. Ganz klar: Die schlafende Katze träumt. Ob von der Jagd auf Mäuse, leckeren Fleischbröckchen oder dem Zoff mit Nachbars Kater bleibt allerdings ganz allein ihr Geheimnis.

Dass die Katze genau wie der Mensch träumt, steht längst außer Frage. Über die Schlafphasen wurde viel geforscht, zum Beispiel mit Messungen der Gehirnströme. Einig sind sich die Wissenschaftler, dass alle Säugetiere im sogenannten REM-Schlaf träumen. REM ist die englische Abkürzung für Rapid Eye Movement und steht für die in dieser Schlafphase typischen schnellen Augenbewegungen. Hier kann man bei einer schlafenden Katze auch alle oben beschriebenen Bewegungen beobachten. Gern würden wir dann auch wissen, wovon die Katze träumt. Auch wenn man die genauen Traumbilder natürlich nicht kennt, zeigen die Forschungsergebnisse, dass Katzen ähnlich dem Menschen im Traum die Erlebnisse ihres Alltags verarbeiten. Ob Freigänger oder Stubentiger – auf die Katze strömt tagtäglich eine Vielzahl unterschiedlichster Reize ein. Manche lösen Stress, Ärger oder Angst aus, andere sorgen für Entspannung und Wohlfühlen. Alles aber verbraucht Energie. Schlaf dient dazu, diese Ereignisse zu verarbeiten, sich zu regenerieren und gesund zu bleiben. Träume spielen dabei eine zentrale Rolle. Bei der Traumbildung mischen sich Erlebtes und Erinnerungen, erklären die Forscher. Wenn man sieht, wie eine Katze im Schlaf mit den Pfoten zuckt, kann man sicher sein, dass sie von lebhaften Bildern und intensiven Gefühlen in ihre Traumwelt hineingezogen wird. Sorgen wir dafür, dass sie den Schlaf und ihre Träume ungestört genießen kann.

*Die Katze gibt vor, zu schlafen,
um desto klarer sehen zu können ...*

FRANÇOIS-RENÉ DE CHATEAUBRIAND

Bach-Blüten für die Katzenseele
Wenn Stress aggressiv oder ängstlich macht

Auch eine Katze kann unter Stress leiden oder sich in ihrem Lebensablauf gestört fühlen. Selbst kleinste Veränderungen belasten dann ihr Gemüt und sie reagiert verunsichert, gereizt oder ängstlich. In solchen Situationen können Bach-Blüten sehr gut helfen, die Anspannung zu lösen.

Schnell zeigt eine Katze ihren Unmut, wenn ihr beispielsweise der gewohnte Ausflug ins Freie verleidet wird, weil es draußen regnet. Sie reagiert verunsichert, wenn ihr Mensch übers Wochenende verreist und eine Nachbarin zum Füttern in die Wohnung kommt. Katzen sind Hausgenossen mit ganz eigenen Bedürfnissen und Neigungen. Bei anhaltenden Irritationen oder Verhaltensauffälligkeiten kann sich eine Bach-Blüten-Therapie als hilfreiche Unterstützung erweisen. Wer seine Katze und ihren Charakter kennt, sollte sich von einem Experten beraten lassen, der dann eine Rezeptur zusammenstellt, gemischt mit reinem

Quellwasser und ohne Alkohol. Davon gibt man ein paar Tropfen unters Futter oder ins Trinkwasser. So lässt sich auch gut vorsorglich planen: für den Tag, an dem mit Gästen Unruhe ins Haus kommt oder Handwerkerarbeiten anstehen. Oder für einen Umzug.

Blütenessenzen lösen Anspannungen

Bach-Blüten sind Extrakte aus Blüten von Blumen, Bäumen und Sträuchern. Auf dieser Basis entwickelte der britische Arzt Edward Bach (1886–1936) eine alternativ-medizinische Therapie mit 38 Blütenessenzen. Die Bach-Blüten-Therapie hat eine ganzheitliche Wirkung, sie kann emotionale Probleme und negative Gefühle bei Mensch und Tier positiv beeinflussen. Bach-Blüten helfen und unterstützen auch Katzen, mit verwirrenden oder ängstigenden Situationen besser umzugehen. Mit der individuell passenden Essenz finden sie ihre seelische Balance schneller wieder.

Kein zahmes Tier hat weniger von seiner Würde verloren oder sich mehr von seiner althergebrachten Reserviertheit erhalten.

Spaß in der Katzenschule
Im Clickertraining artgemäßes Verhalten einüben

Es braucht spezielle Beschäftigungsanreize, um der Wohnungskatze das zu bieten, was wir ihr vorenthalten: Freiheit und Natur. Das Clickertraining ist ein großartiger Weg, um artgemäßes Verhalten in unsere vier Wände zurückzuholen. Zumal das Training Partnerschaft auf Augenhöhe garantiert.

Clickerübungen bieten das, was unseren Stubentigern so oft fehlt: körperliches Training, geistige Auslastung und emotionale Ansprache. Hier wird behutsam eingeübt, was sie im Freien leisten müssten: klettern, balancieren, springen, beobachten, entscheiden, sich überwinden. Artgerecht von ihrem Menschen gefordert und gefördert zu werden, lässt jede Katze aufblühen, besänftigt Kratzbürsten und macht Couch-Potatos munter. Dressieren oder zwingen lassen sich Katzen nicht. Wir müssen ihnen das Training schon durch Zuwendung und die ungestörte Zeit zu zweit schmackhaft machen. Positiv belohnen heißt dabei die Zauberformel, ob mit Schmuse- und Streicheleinheiten oder kleinen Leckerbissen. Dass ihre Katze leidet, weil sie nicht ausgelastet ist, bemerken viele Halter überhaupt nicht. Hier macht Clickern ebenso Sinn wie bei ängstlichen Tieren zur Stärkung ihres Selbstbewusstseins. Und natürlich ist Clickern für Katzen mit Freigang genauso gut geeignet wie für die Stubentiger-Fraktion.

Clickern macht den *Alltag* leichter

Clickern erleichtert vieles, was bei der Haltung von Heimtieren Stress und Anspannung verursachen kann. Mit dem Clickertraining können wir konkrete Alltagssituationen einüben: die Visite beim Tierarzt, den bevorstehenden Umzug oder eine Urlaubsreise mit dem Auto. Dann meistert unsere Katze den Aufenthalt in der Transportbox, die Ferienfahrt und die Untersuchung beim Tierarzt viel stressfreier.

Katzen sind Freunde der Gelehrsamkeit.

CHARLES BAUDELAIRE

7

Pflege für ein schönes Fell
Langhaarkatzen brauchen Bürste und Kamm

Eine Katze verwendet so viel Sorgfalt auf die Pflege ihres Fells wie wohl kein anderes Tier. Eine gesunde Kurzhaarkatze erledigt das absolut perfekt und braucht keine Assistenz von unserer Seite. Anders sieht es bei ihren langhaarigen Artgenossen aus. Ohne den nicht selten täglichen Einsatz von Kamm und Bürste verfilzt deren voluminöse Haarpracht schnell und lässt sich dann kaum mehr entwirren.

Wir haben das Aussehen der Hauskatze durch Zuchtauswahl und immer neue Zuchtziele verändert – und dabei oft nicht an ihre Gesundheit und ihr Wohlbefinden gedacht. Speziell wenn sie noch klein sind, begeistern uns Katzen mit längerem Fell mit ihrer wuscheligen Erscheinung. Doch von Natur aus ist extrem langes Haar bei Katzen nicht vorgesehen. Wir haben der Evolution ins Handwerk gepfuscht und müssen nun zu Kamm und Bürste greifen, da keine Perserkatze mit der Pflege des Fells allein fertig wird.

Das gilt zum Teil auch für manche Maine Coon oder Norwegische Waldkatze, die zu den Halblanghaarrassen zählen. Ohne Hilfe hat die Haarpracht ernste Gesundheitsprobleme zur Folge. Die Katzenzunge ist überfordert, verschluckte Haare verklumpen im Magen, es kommt zu Verfilzungen und unauflösbaren Fellknoten, die Haut reagiert mit Ekzembildungen.

Behutsam an die *Fellpflege* gewöhnen

An die tägliche Pflege gewöhnt man Katzen mit längeren Haaren von Kindesbeinen an. Bereits ein Neugeborenes sollte regelmäßig sanft berührt und gestreichelt werden. Die spielerische Streicheleinheit macht das Kleine mit der Hand des Menschen vertraut und es akzeptiert bald schon Bürste und Kamm. Kurzhaarkatzen brauchen diese Pflege nur selten, schätzen sie aber als Schmuseangebot. Das Bürsten kann durch Clickertraining zusätzlich geübt werden.

Dein wundervolles weiches Fell, schwarz und hell,
so seidig, üppig, voller Pracht, wie Wolkenhimmel
in der Nacht, belohnt die Hand, die dich liebkost.

ALGERNON CHARLES SWINBURNE

8

9 Mark Twain und die Katzen
Weiße Katzen, schwarze Katzen, gestreifte Katzen …

Nicht nur in Mark Twains Jugendroman »Tom Sawyers Abenteuer« spielt eine – wenn auch tote – Katze eine Schlüsselrolle. Der amerikanische Romancier war ein großer Katzenfan. Von Jugend an gehörten Katzen zu seinem Leben und auch auf seinen vielen Reisen hatte er stets ein Auge für sie.

In seiner Zeit als Lotse auf dem Mississippi legte sich Samuel Langhorne Clemens, so der bürgerliche Name des Autors, das Pseudonym Mark Twain zu, eine Bezeichnung, die in der Seemannssprache das Markieren von zwei Faden Wassertiefe bedeutet. Dass er auch sonst gern mit Namen spielte, zeigen die lustigen Rufnamen für die Katzen seiner Familie, die er sich zum Spaß für seine Kinder ausdachte. Da gab es Sour Mash, Blatherskite, Stray Kit, Satan, Bambino, Sin, Appollinaris und Zoroaster.

Sein besonderes Faible und die große Hochachtung für Katzen brachte Mark Twain wiederholt zum Ausdruck:

»Würde man Menschen mit Katzen kreuzen, würde dies die Menschen veredeln, aber die Katzen herabsetzen.« In den Aufzeichnungen zu seiner Hawaii-Reise findet sich diese Beschreibung: »In Honolulu sah ich (…) Katzen – Kater und Kätzinnen, langschwänzige Katzen, kurzschwänzige Katzen, blinde Katzen, einäugige Katzen, schielende Katzen, Katzen mit Silberblick, graue Katzen, schwarze Katzen, weiße Katzen, sandfarbene Katzen, gestreifte Katzen, gescheckte Katzen, zahme Katzen, wilde Katzen, angesengte Katzen, einzelne Katzen, Katzengruppen, Katzentrupps, Katzenkompanien, Katzenregimenter, Katzenarmeen, Katzenheerscharen, Millionen von Katzen, und jede einzelne von ihnen war gepflegt, dick, faul und im tiefsten Schlaf.«

Mark Twain hinterließ wie kein anderer Schriftsteller humor- und geistvolle Aussagen über seine vierbeinigen Lebensbegleiter, meist mit ironischem Seitenhieb auf seine menschlichen Zeitgenossen.

Unter allen Geschöpfen dieser Erde gibt es nur eines, das sich nicht versklaven lässt – die Katze.

Mark Twain

10 Die Landkarte im Katzenkopf
Orientierungssinn und Ortsgedächtnis

In ihrem Wohnbereich und im Revier kennt die Katze jeden Gegenstand und könnte sich hier auch mit geschlossenen Augen oder sogar blind zurechtfinden. Außerhalb ihres Heimatbezirks orientiert sie sich an optischen und akustischen Punkten.

Zum Orientierungsvermögen der Katzen gibt es unterschiedliche Hypothesen und Erklärungsansätze. Belegt ist, dass sie sich in vertrauter Umgebung an markanten Objekten und akustischen Wegmarken orientieren. Geräuschmarken können zum Beispiel das Plätschern eines Bachs, das Läuten des Kirchturms oder der Verkehrslärm von der nahen Autobahn sein. Im Kopf der Katze bilden sich diese und viele weitere Orientierungspunkte als audiovisuelle Landkarte ab. In einem Radius von ca. zwölf Kilometern funktioniert das Navigationssystem so perfekt, dass die Katze auf geradem Weg nach Hause findet, selbst wenn sie zuvor auf Umwegen unterwegs war.

Bei größeren Entfernungen hilft ihr das Hörbild der Heimatregion allerdings nicht. Nicht selten liest man Berichte über Katzen, die Hunderte von Kilometern zurücklegten und nach Wochen oder Monaten wieder nach Hause fanden oder sogar ihrer Familie zu deren neuem Wohnsitz folgten, an dem die Tiere jedoch vorher noch nie gewesen waren.

Das Magnetfeld der Erde ermöglicht es Zugvögeln und Tauben nachweislich, zielgerichtet über sehr große Distanzen zu navigieren. Viele Wissenschaftler stufen inzwischen den Magnetsinn auch für die Katze als die zugrunde liegende Leitgröße ein, die ihr »Fernreisen« möglich macht. Gestützt wird diese Annahme durch die Erkenntnis, dass das Orientierungsvermögen der Katze deutlich gestört wird, sobald man ihr ein Halsband umlegt, an dem kleine Magnete befestigt sind. Diskutiert werden nach wie vor aber auch andere Phänomene, unter anderem untersucht man den Einfluss unterirdischer elektrischer Felder.

*Katzen sind ein geheimnisvolles Völkchen. Es geht mehr
in ihren Köpfen herum, als wir uns vorstellen können.*

Walter Scott

Wenn die Katze auf Vogeljagd geht
So können Sie die Vögel in Ihrem Garten schützen

Nahezu alle Kleintiere gehören zum Beuteschema der Hauskatze. Mäuse und andere bodenlebende Nager machen zwar den Löwenanteil aus, aber Katzen gehen auch auf die Vogeljagd, besonders während der Brutzeiten.

Den Beweis haben Langzeitstudien schon mehrfach erbracht: Katzen stellen keine Gefahr für die Bestände der heimischen Vogelwelt dar. Zum einen hat die Natur bei Brutfolge und Jungenzahl dafür gesorgt, dass Vögel auch größere Verluste verkraften (etwa bei Kälteeinbruch oder Futtermangel), zum anderen ist das Beutefangverhalten der Katze in erster Linie auf bodenlebende Kleinsäuger ausgerichtet. So bleibt die Jägerin beim finalen Beutesprung immer dicht am Boden und hat in der Regel das Nachsehen, wenn der Vogel in letzter Sekunde auffliegt. Nichtsdestotrotz sollten Katzenhalter Verständnis für die Vogelfreunde aufbringen. Was lässt sich also tun?

Eine Ausgangssperre für Freigänger ist unrealistisch. Während der Hauptbrutperiode ist es aber schon hilfreich, wenn der Stubentiger nicht zu seinen Vorzugsjagdzeiten am frühen Morgen und späten Abend nach draußen darf. Ein Glöckchen am Halsband hingegen rettet keinen Vogel, da Katzen schnell lernen, wie sie sich auf der Jagd bewegen müssen, damit die Glocke nicht bimmelt.

Vogelschutz mit einfachen Mitteln

Im Garten kann man dafür sorgen, dass die Vögel vor der Katze sicher sind. Freiflächen (z. B. Rasen) erschweren der Jägerin das Anschleichen, und die Vögel können frühzeitig Alarm geben. Manschettenringe um die Baumstämme verhindern, dass die Katze zu den Nestern klettert. Vogelhäuser und Futterplätze müssen unzugänglich sein, Vogeltränken dürfen nur auf einer nach allen Seiten freien Fläche stehen.

Die Natur betrügt uns nie. Wir sind es immer, die wir uns selbst betrügen.

JEAN-JACQUES ROUSSEAU

Spieglein, Spieglein an der Wand
Weiß meine Katze eigentlich, wer sie ist?

Wer hat nicht schon einmal geschmunzelt, wenn er beobachten konnte, wie seine Katze vor dem Spiegel steht und den vermeintlichen Artgenossen böse anfaucht oder einen Buckel macht, um ihm zu imponieren. Erkennen Katzen ihr eigenes Spiegelbild also tatsächlich nicht?

Manche Katzen lässt das Spiegelbild grundsätzlich kalt, andere wiederum kommen neugierig näher, machen den Schnuppertest oder versuchen einen Blick hinter den Spiegel zu werfen. In der Verhaltensforschung ist der Spiegeltest immer noch das Standardvorgehen, um ein mögliches Ich-Bewusstsein bei Tieren festzustellen. Schimpansen wissen sofort, dass sie ihr eigenes Konterfei im Spiegel sehen. Auch Elefanten, Delphine und Elstern erkennen sich im Spiegel offensichtlich selbst. Katzen jedoch glauben wie viele andere Tierarten, einen Artgenossen im Spiegel vor sich zu haben und reagieren dementsprechend entweder neugierig, erschreckt, aggressiv oder desinteressiert. Den Nachweis eines Ich-Bewusstseins bringt der Spiegeltest für Katzen also nicht. Trotzdem belegt das Nichtbestehen noch lange nicht das Gegenteil. Beim Spiegeltest wird vorausgesetzt, dass die optische Wahrnehmung, besonders auch die des Verhaltens der Artgenossen, einen vorrangigen Stellenwert für die Selbstwahrnehmung und Orientierung hat. Nun wissen wir aber von der Katze, dass in ihrem Leben neben dem optischen Sinn auch Gehör und Geruchs-informationen eine große Rolle spielen – zum Beispiel bei der Jagd in der Dämmerung. Ein geruch- und lautloses Spiegelbild passt nicht in ihr Wahrnehmungs-system. So brauchen wir, die wir mit Katzen leben, auch keinen Spiegeltest, um zu wissen, dass es sich bei unseren vierbeinigen Partnern um ausgesprochene Persönlichkeiten handelt, die sehr genau wissen, wer sie sind. Und bleibt nicht das, was eine Katze denkt, letztlich immer ein Mysterium?

Wenn du ihre Zuneigung verdient hast, wird eine Katze dein Freund sein, aber niemals dein Sklave.

THÉOPHILE GAUTIER

Katzenglück braucht Mutterliebe
Die Kinderstube macht Kätzchen fit fürs Leben

Für die junge Katze sind die Nähe und Fürsorge ihrer Mutter und der Kontakt und das Spiel mit den Wurfgeschwistern unverzichtbar. Während dieses prägenden Lebensabschnitts macht sie Erfahrungen, die ihr weiteres Leben und soziales Verhalten entscheidend mitbestimmen. Katzenkinder dürfen daher nicht zu früh von Mutter und Geschwistern getrennt werden.

Mama Katze bringt ihren Kids eine Menge bei: die guten Manieren im Umgang miteinander, wie man richtig Katzenwäsche macht und wie man sich seiner menschlichen Familie gegenüber verhält. Die Katzenkinder lernen, wo für sie Gefahren drohen und was um sie herum alles passiert. Hat ihre Mutter keine Angst vor dem brummenden Staubsauger, lassen sich auch die Kleinen nach dem ersten Schreck davon nicht mehr ins Bockshorn jagen. Und die jungen Rabauken machen die wichtige Erfahrung, dass nicht immer alles nach ihrem Köpfchen geht. Mama zeigt ihnen zwar liebevoll, aber unmissverständlich ihre Grenzen auf. Soziales Lernen findet in der Gruppe statt. Wo könnte ein Kätzchen nachhaltiger erfahren, was erlaubt ist und was nicht, als im Zusammenleben mit den Geschwistern? Hier darf man seine Kräfte erproben und auch einmal über die Stränge schlagen. Hier lernen die Youngster auszuteilen und einzustecken, sie lernen, wo im Spiel die Grenzen sind und was es heißt, Katze unter Katzen zu sein. Diese Erfahrungen sind auch eine wichtige Voraussetzung dafür, dass sich die Katze in einem Mehrkatzenhaushalt integriert und wohlfühlt. Sie weiß dann zum Beispiel, dass das Fauchen eines Artgenossen keine Einladung zum Spiel ist. Der Mensch kann jungen Katzen diese wichtigen prägenden Wochen nicht ersetzen. Daher sollten wir Katzenmutter und Kinder nicht zu früh trennen und ein Kätzchen erst im Alter von zwölf, besser noch nach 16 Wochen ins Haus holen.

Keine Menschenmutter kann mit größerer Zärtlichkeit und Hingebung der Pflege ihrer Kinderchen sich widmen als eine Katze.

Alfred Brehm

Feng Shui tut Katzen gut
Ein gesundes Qi sorgt für positive Energie

Wer von Feng Shui fasziniert ist, sollte auch seine Katze davon profitieren lassen und ihr Plätze an Orten mit einem guten Qi einrichten. Qi beschreibt in der traditionellen chinesischen Gedankenwelt die nicht greifbare Energie, die alles Lebendige durchströmt. Ausgeglichen und glücklich ist nach Vorstellung des Feng Shui derjenige, dessen Qi sich segensreich entfalten kann.

Übersetzt bedeutet Feng Shui »Wind und Wasser« und steht damit für »luftig« und »fließend«, die beiden Elemente, die im alten China als Träger der positiven Energie angesehen wurden. Danach schwingt alles um uns herum und wir beeinflussen diese energetische Bewegung entweder positiv oder negativ, wann immer wir unseren Lebensraum verändern und gestalten. Ablesen kann man diesen Einfluss auch an unserer vierbeinigen Partnerin: Fühlt sich eine Katze in unserer Nähe wohl, scheint viel gesundes Qi im Raum zu sein. Mit einer schnurrenden Katze auf dem Schoß spürt man diese wohltuende Wirkung auch an sich selbst. Ein glückliches und gesundes Tier im Haus ist der beste Beweis für eine harmonische Umgebung. Diese Harmonie zu steigern und negative Energie zu minimieren, ist das Ziel des Feng Shui.

Zu träge oder zu rasche Energie schadet sowohl Katze wie Mensch. Ein mit Möbeln vollgestopfter Raum mit wenig Licht und Sonne tut uns nicht gut und ein langer und leerer Flur ist kein geeigneter Platz für einen Katzenkorb. Daher fühlen wir uns in solchen Räumen eingeengt und bedrückt, oft aber auch ruhe- und haltlos. Dann heißt das Stichwort »Frühjahrsputz«: lüften und entrümpeln und für schöne oder praktische Ruhepunkte sorgen. Der Fluss der unsichtbaren Lebensenergie des Qi wird dann wieder deutlich. Ein gutes Qi belebt, lässt uns zugleich aber auch zur Ruhe kommen. Katzen haben ein besonderes Gespür dafür und genießen das Gleichgewicht der Gegensätze.

Die Größe und den menschlichen Fortschritt
einer Nation kann man nur daran ermessen,
wie sie ihre Tiere behandelt.

MAHATMA GHANDI

14

15

Komm spiel mit mir!
Wie Katzen uns zum Mitmachen verführen

Jede Katze weiß, wie sie ihre Menschen zum Spielen animieren kann – und wir lassen uns natürlich auch nur zu gern zum Mitmachen verführen. Wenn eine Katze in Spiellaune ist, entwickelt sie ein verblüffendes Repertoire an Überredungskünsten von Gesten und Lautäußerungen, die so vielfältig sind, wie es unterschiedliche Katzencharaktere gibt.

Katzen können kleine Göttinnen sein, manchmal aber auch unnachgiebige Quengler. Wir lieben sie für das eine wie das andere. Ein eigenes Köpfchen haben sie allemal. Und sie wissen es auch meist durchzusetzen – besonders wenn es ums Spielen geht. Steht dem Wohnungstiger der Sinn nach Gemeinschaftsaktion mit dem menschlichen Spielpartner, wird lautstark miaut, mit den Krallen am Pullover gezogen oder der Freund mit der Pfote angestupst. Die Katze springt auf den Schoß, rennt mit hochgerecktem Schwanz durchs Zimmer oder legt sich auf die Tastatur des Computers,

um alle anderen Aktivitäten zu unterbinden. Was bleibt, als zu kapitulieren! Wer könnte einer Katze in Spiellaune widerstehen, die sich auf das am Boden liegende Handtuch legt, auffordernd über die Schulter zurückschaut und sehnsüchtig darauf wartet, dass man mit ihr zur Schlittenfahrt startet. Und wie sollte man eine Samtpfote unbeachtet lassen, die sich vor unserem Gesicht platziert, uns unverwandt anstarrt und gleichsam in Hypnose versetzt. Eines wissen Katzen genau: wie sie uns um den Finger wickeln.

1, 2, 3 … alles muss versteckt sein, ich komme!

Vor allem junge Katzen lieben Versteckspiele. Suchen Sie die versteckte Katze oder verstecken Sie sich selbst hinter einer Tür oder dem Schrank. Zeigen Sie Ihre Freude beim Entdecken deutlich mit »Ich sehe dich, da bist du!« Wenn Sie zu festen Zeiten spielen, freut sich Ihre Katze schon vorher aufs tägliche Ritual.

*Wer weiß, ob meine Katze, wenn ich mit ihr spiele,
sich nicht mehr mit mir amüsiert als ich mich mit ihr?*

Michel de Montaigne

Schleckermäulchen
Was die Katzenzunge schmecken kann

Die kleine Katzenzunge kann viel: Sie registriert Geschmack, Temperatur und Beschaffenheit des Futters und sorgt beim Flehmen dafür, dass die Geruchsstoffe weitergeleitet und analysiert werden. Das Zusammenspiel ihrer Sinne und Empfindungen garantiert aber auch, dass die Katze ungenießbare oder verdorbene Nahrung sofort erkennt.

Auf der Zunge der Katze sitzt eine Vielzahl sogenannter Geschmacksknospen. Je nach Funktionstyp haben diese Papillen unterschiedliche Aufgaben und informieren über den Geschmack der Futterstoffe oder sind verantwortlich für das Tastempfinden. Unsere Leckermäulchen können zwischen sauer, salzig, bitter und umami (eine gleichzeitig fleischige und herzhafte Geschmacksrichtung) unterscheiden. Süßes erkennen sie – typisch für Fleischfresser – hingegen nicht. Tierisches Eiweiß vermag die Katzenzunge ganz genau zu analysieren. Unsere Wohnungstiger wissen also immer, ob ihnen Rind, Hühnchen oder Lamm serviert wird. Doch die Zunge kann noch mehr: Mit ihrer Hilfe testen die Katze Gerüche. Die Zunge drückt die Luft ans Gaumendach und in das dort sitzende Jacobsonsche Organ. Bei dieser Aktion ist der Mund leicht geöffnet und die Oberlippe zurückgezogen: Die Katze flehmt. Beim Flehmen werden im Jacobsonschen Organ Geruchsmoleküle analysiert, die sowohl gerochen als auch geschmeckt werden.

Nicht immer weiß die Katze, was ihr guttut

Eine Katze rührt verdorbenes Futter nicht an. Diese Vorsicht schützt sie leider nicht anderweitig vor Gefahren: Nicht selten knabbern Katzen an giftigen Pflanzen, fressen Wurst, die unverträgliche Konservierungsstoffe enthält, oder lecken an Schokolade mit dem für sie schädlichen Theobromin. Es liegt in unserer Verantwortung, sie davor zu bewahren.

Das kleinste Katzentier ist ein Meisterstück.

Leonardo da Vinci

17 Frischluft tanken auf dem Balkon
Ein idealer Platz zum Relaxen und »Fernsehen«

Was gibt es Schöneres für eine Katze, als durch den Garten zu pirschen, von einem Aussichtsplatz ihr Revier zu inspizieren oder an einem schattigen Plätzchen unter Bäumen Siesta zu halten? Katzen genießen den Auslauf in freier Natur. Auch einem Stubentiger kann man ein bisschen von dieser Freiheit bieten – auf einem speziell gesicherten Balkon oder dem Fensterplatz.

Nicht jeder Katzenhalter kann seinem vierbeinigen Liebling einen Garten für den Freigang bieten. Und dort, wo Auslauf zu riskant ist, beschränkt sich das Katzenrevier meist auf die Wohnung. Hier kann ein Balkon trotzdem Sonne und Natur ins Katzenleben bringen. Ganz wichtig: Bevor auf dem Balkon Inventar für die Katze installiert wird, muss er mit Katzennetzen gesichert werden. Nur so lässt sich verhindern, dass sie in einem unbedachten Moment in die Tiefe fällt. Nicht vergessen darf man einen überdachten Schattenplatz,

der Abkühlung vor der Sommersonne garantiert. Eine erhöhte Plattform dient als Beobachtungsstation, ein dicker Ast mit weicher Rinde zum Krallenwetzen. Ein breiter, mit Gras ausgepolsterter Blumenkasten wird im Handumdrehen zum Ruhesitz erkoren, Tontöpfe mit Katzenminze, Baldrian und Muskatellersalbei schmeicheln der Katzennase. Und natürlich darf ein Kletterbaum nicht fehlen.

Am Fensterplatz wird ein Katzennetz in den Rahmen eingesetzt, sodass das Fenster gefahrlos offen stehen kann. Ein verbreitertes und gepolstertes Fensterbrett ergibt einen wunderbaren Liegeplatz, der schnell zum Lieblingswohnsitz avanciert, von dem Mieze alles im Blick hat, was draußen und in der Wohnung passiert. Und ein Schälchen mit Katzengras lässt sich hier auch noch unterbringen. »Fernsehen« findet jede Katze toll: Je mehr sich vor ihrem Fenster abspielt, desto seltener verlässt sie ihren Logenplatz. Für sie ist das fast so als wäre sie selbst mittendrin im prallen Leben.

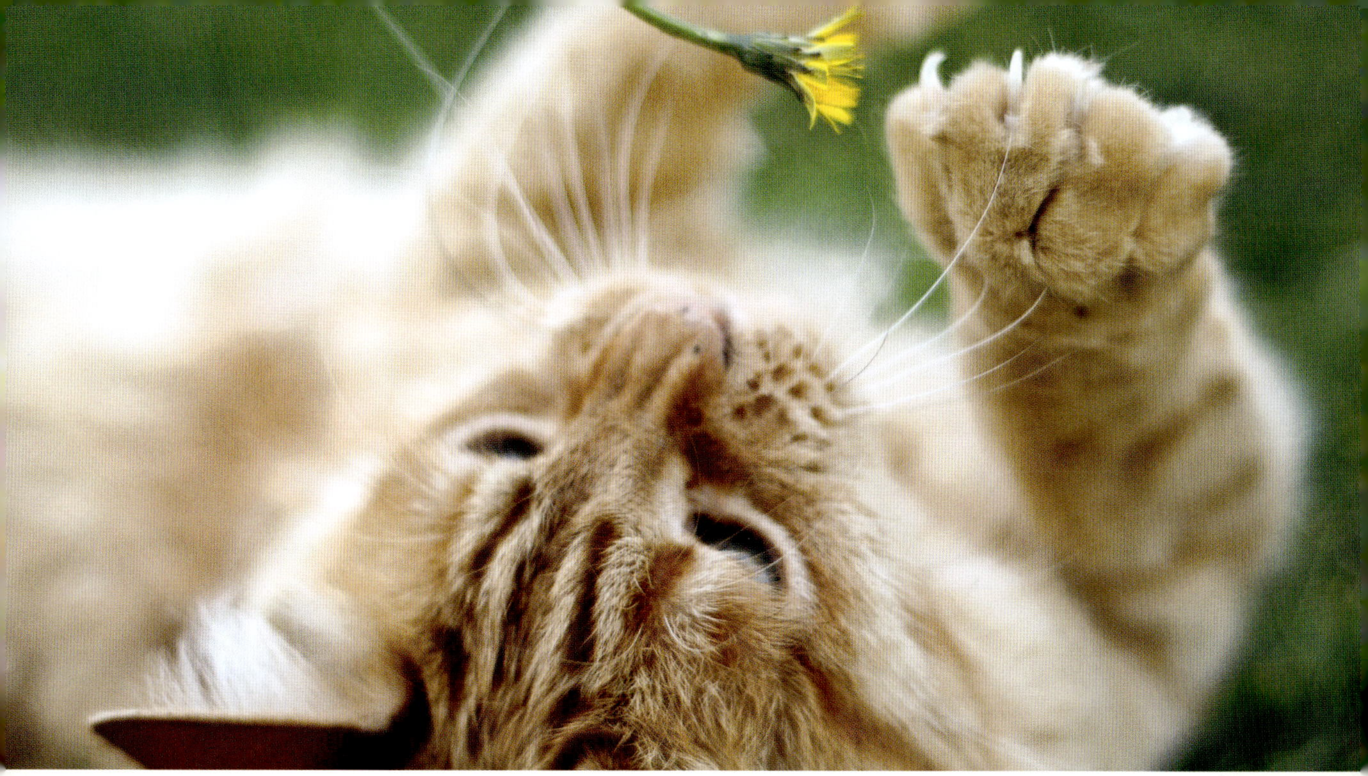

Eine Katze ist ein Löwe in einem Dschungel kleiner Büsche.

Indisches Sprichwort

Entscheidung mit Herz und Hirn
Verantwortung für ein langes Katzenleben

Ein winziges, unbeholfenes Fellknäuel mit riesengroßen Augen und einem viel zu schweren Kopf, dass sich nur mit Mühe auf seinen dünnen Beinchen halten kann. Was gibt es Niedlicheres als ein Katzenkind? Im Nu ist es uns ans Herz gewachsen, und schon haben wir aus dem Bauch heraus die Entscheidung getroffen: Diese Katze und keine andere kommt zu uns ins Haus!

Nur zu schnell lassen wir uns beim Anblick eines gerade zwölf Wochen alten Kätzchens verführen, werfen alle Vorbehalte über Bord und haben im Handumdrehen ein neues Familienmitglied. Ganz so leicht darf man es sich nicht machen, sonst ist der Katzenjammer vorprogrammiert. Hauskatzen haben eine durchschnittliche Lebenserwartung von 15 Jahren, bei guter Pflege erleben viele heute ihr 20. Lebensjahr. Katzen gehen eine Beziehung fürs Leben ein und wechseln ihre Bezugspersonen ebenso ungern wie ihr Heimatrevier. Daher muss man bei der Adoption einer Katze nicht nur sein Herz, sondern auch das Hirn befragen: Bin ich bereit und in der Lage, Verantwortung für ein langes Katzenleben zu übernehmen? Kann ich ihr genügend Zeit zur Verfügung stellen, ihre Versorgung und Gesunderhaltung – auch finanziell – sicherstellen und ihre eventuellen Eigenheiten akzeptieren? Sind alle Familienmitglieder mit der Wahl einverstanden oder bestehen Ängste und Unverträglichkeiten, wie etwa eine Katzenallergie?

Drum prüfe, wer sich ewig bindet …

Einfach ist es nicht, einem spontanen Impuls zu widerstehen, wenn es Gründe gibt, die gegen die Haltung einer Katze sprechen. Doch echte Tierliebe zeigt sich nicht zuletzt darin, dass wir im Zweifelsfall die eigenen Ansprüche zum Wohl des Tieres zurückstellen – auch wenn das Herz blutet.

Wir sind nicht nur verantwortlich für das, was wir tun, sondern auch für das, was wir nicht tun.

Jean Baptiste Molière

Vom Gurren, Schnattern und Fauchen
Was Katzen ihren Artgenossen und uns zu sagen haben

Miauen und Schnurren: Das ist für uns die typische Katzensprache. Doch Katzen sind nicht auf den Mund gefallen: Ihre Lautsprache ist erstaunlich vielfältig und komplex und je nach Situation können sie die Sprachsignale in Intensität, Dauer und Frequenz variieren. Interessante Möglichkeiten für Einzelgänger mit individuell unterschiedlich ausgeprägten sozialen Fähigkeiten.

Katzen haben viele Möglichkeiten, mit ihresgleichen, anderen Tieren oder mit uns zu kommunizieren. Dabei spielen sowohl Körper- wie Lautsprache eine Rolle, neben den unterschiedlichsten Lauten vor allem Körperhaltung, Schwanzbewegungen, Mimik und Blickkontakt. Körper- und Lautsignale setzen sich zum Sprachbild zusammen, das dem Gegenüber unmissverständlich klar macht, was ihm die Katze sagen will. Bei Katzen ist es kaum anders als bei uns: Manche, die Siam zum Beispiel, sind oftmals wahre Plaudertaschen,

Perser und Verwandte hingegen zählen zur schweigsamen Fraktion. Mit dem Menschen spricht die Katze anders als mit Artgenossen. In der Beziehung zu uns bleibt sie das unselbstständige Kätzchen, das versorgt und verhätschelt werden will. Also bedient sie sich ihrer Babysprache. Miauen, meist fordernd oder klagend, ist dafür ebenso typisch wie zufriedenes Schnurren und wohliges Gurren.

Im Gespräch zwischen erwachsenen Katzen wird nur selten miaut. Hier zeigt die Katze ihre sprachliche Vielseitigkeit: Sie grollt und knurrt, um missliebige Kontrahenten auf Distanz zu halten (oft verstärkt der Katzenbuckel die Warnung), faucht, kreischt und spuckt, wenn die Drohung missachtet wird, bevor sie sich mit Krallen und Zähnen zur Wehr setzt. Die Gesänge verliebter Kater gelten nicht der Angebeteten, sondern sind eine Kriegserklärung an andere Freier; ihr eigentümliches Schnattern hört man, wenn die Jägerin einen unerreichbaren Vogel im Visier hat.

19

Die Katzen halten keinen für eloquent,
der nicht miauen kann.

MARIE VON EBNER-ESCHENBACH

Die Mär von den Maikätzchen
Wann sollen Katzenmütter Kinder kriegen?

Maikätzchen sind größer, stärker, robuster und fitter als Katzenkinder, die in anderen Monaten zur Welt kommen. Das behauptet zumindest der Volksmund. Was hat es damit auf sich?

Der Glaube, dass Maikätzchen bessere Entwicklungschancen als andere neugeborene Katzen haben, geht sicherlich auf Zeiten zurück, in denen Katzen noch kein behütetes Wohnungsleben führten und ihren Nachwuchs meist irgendwo im Freien und oft unter widrigen Bedingungen aufziehen mussten. Da war der Mai nach langen und kalten Monaten für die Katzenmutter die ideale Zeit, um genügend Nahrung zu finden. Das Kraftfutter brauchte sie auch, um den Strapazen des Säugens und der Aufzucht ihrer Kinder gewachsen zu sein. Darüber hinaus war das Risiko einer lebensgefährlichen Unterkühlung für die extrem kälteempfindlichen Jungen in den wärmer werdenden Frühlingstagen wesentlich geringer.

Für so manche Bauernhofkatzen, die sich selbst überlassen sind und nur selten oder gar nicht ins Haus kommen, trifft das immer noch zu. Zum Glück werden viele dieser Tiere heute rechtzeitig kastriert, um einen unerwünschten Nachwuchs zu verhindern.

Bei Wohnungskatzen, die als Familienmitglieder ein rundum versorgtes Leben führen. spielt es längst keine Rolle mehr, in welchem Monat mit dem Nachwuchs zu rechnen ist. Eine Wurfkiste ist vorbereitet, in den letzten Tagen vor der Geburt ist stets jemand in der Nähe, der die werdende Mutter betreut, und im Notfall ist auch der Tierarzt zur Stelle.

Katzen bringen nach durchschnittlich 63 bis 65 Tagen vier bis sechs, Erstgebärende jedoch oft nur zwei bis drei Junge zur Welt. In den ersten vier Lebenswochen werden die Neugeborenen ausschließlich gesäugt und gewöhnen sich danach langsam an feste Nahrung. Katzenmütter sind in der Regel gute Mütter, die sich hingebungsvoll um ihre Kleinen kümmern.

Im Mai sind alle Blätter grün, im Mai sind
alle Kater kühn. Drum wer ein Herz hat, fasst sich eins,
und wer sich keins fasst, hat auch keins.

OTTO JULIUS BIERBAUM

20

21

Auf der Mauer, auf der Lauer …
Die Katze lässt das Mausen nicht

Als Fleischfresserin lebt die Katze von der Jagd. Ihr typisches Jagdverhalten ist die Schleichjagd, bei der sie sich in Deckung möglichst dicht an ihre Beute anschleicht. Lediglich der Gepard verlässt sich als Hetzjäger auf die Schnelligkeit seiner Beine. Das Beutefangverhalten ist Katzen angeboren und läuft in einer festen Bewegungsfolge ab.

Unsere Hauskatze geht wie alle Mitglieder der großen Katzenfamilie – mit Ausnahme des Löwen – allein auf die Pirsch. Als Kleinkatze jagt sie Tiere bis zur eigenen Körpergröße, überwiegend sind es sogar winzige Nager. Aber auch Vögel, Frösche, Eidechsen und Schmetterlinge werden nicht verschmäht. Großkatzen wie Tiger, Löwe und Leopard erbeuten hingegen Tiere, die oft viel größer sind als sie selbst. Während sich daher ein Leopard mehrere Tage von einer erbeuteten Antilope ernähren kann, müsste die Hauskatze mehrmals täglich Mäuse fangen, um satt zu werden.

Und nicht jede Pirsch ist erfolgreich, das Jagdglück stellt sich nur bei etwa jeder vierten Jagd ein. Ausgelöst wird das Beutefangverhalten von Tieren, die sich schnell und oft im Zickzackkurs von der Jägerin wegbewegen – genauso wie es für Mäuse typisch ist. Auch auf hohe und raschelnde Töne reagiert eine Katze augenblicklich. Der Jagdtrieb ist nicht abhängig vom Hungergefühl: Selbst mit vollem Bauch gehen Katzen auf die Pirsch, und satte Tiere erweisen sich sogar als die erfolgreicheren Jäger. Vor Ratten, die in ihrer Not zum Gegenangriff übergehen, haben Katzen Angst und nur sehr mutige jagen die wehrhaften Nager.

Jagdspiele halten Körper und Köpfchen fit

Stubentiger brauchen Abwechslung und körperliche Betätigung. Reaktions-, Jagd- und Suchspiele mit Beute imitierendem Spielzeug bringen Leben in die Bude und stärken die Bindung an den Halter.

*Wenn man nur still und geduldig wartet,
wie die Katze vor dem Mauseloch, so kommen
alle guten Dinge wieder einmal zum Vorschein.*

G OTTFRIED K ELLER

Die Geheimnisse der Katzenwäsche
Körperpflege dient nicht nur der Sauberkeit

Ob Couch-Potato oder Straßentiger: Katzen sehen immer aus wie aus dem Ei gepellt. Und sie achten auch darauf, dass es so bleibt. Die Katzenwäsche sorgt für den Wetterschutz des Fells, unterstützt die Gesunderhaltung und hat bei gegenseitiger Pflege soziale Aufgaben in einer Katzengruppe.

Nie würde sich eine Katze nach der Mahlzeit zur Siesta zurückziehen, ohne sich zuvor die Mundpartie mit Zunge und angefeuchteten Pfoten zu säubern. Ob große Wäsche oder Schnellreinigung zwischendurch – eine gesunde Katze pflegt Körper und Fell bis zu drei Stunden täglich. Vernachlässigte Pflege ist oft ein erstes Indiz für Unwohlsein oder Krankheit. Beim Fell kommt in erster Linie die Zunge zum Einsatz. Sie ist ein Multifunktionsorgan und Kamm, Bürste und Striegel in einem. Die rauen Hornpapillen auf ihrer Oberfläche glätten das Fell und entfernen Schmarotzer, Schuppen und abgestorbene Haare. Um besonders hartnäckigen Schmutzteilchen, Flöhen und anderen Parasiten beizukommen, setzt die Katze ihre kleinen Schneidezähne ein. Mit den Zähnen werden auch die Krallen beknabbert und die abgestorbenen Hornhülsen entfernt. Die Zunge verteilt Speichel im Fell und löst so Verklebungen und Schmutz. An heißen Sommertagen sorgt der verdunstende Speichel darüber hinaus für Abkühlung und schützt vor Überhitzung. Beim Putzen verteilt die Katzenzunge eine cholesterolhaltige Substanz aus den Haarbälgen im ganzen Fell. Sie wird im Sonnenlicht in Vitamin D umgewandelt, das die Katze dann wiederum mit der Zunge aufnimmt. Die Katzenwäsche regt auch die Produktion der Talgdrüsen an, deren Fett das Haarkleid wasserabweisend und geschmeidig hält. Gleichzeitig wird dabei die Durchblutung der Haut angeregt.

Befreunde Katzen belecken sich oft gegenseitig. Diese Putzaktionen festigen die Zusammengehörigkeit und haben damit eine wichtige soziale Funktion.

Nur der Saubere wird wissen,
dass die Haut eine Seele hat.

CARL LUDWIG SCHLEICH

22

23

Lauschangriff auf wispernde Nager
Den Katzenohren entgehen auch leiseste Töne nicht

Dank ihres fantastischen Gehörs können Katzen zwei synchron singende Amseln auseinanderhalten und wissen noch jeden falschen Ton einem der Vögel zuzuordnen. Auch Mäuse werden von ihnen belauscht, selbst dann, wenn sich die kleinen Nager im Ulltraschallbereich verständigen, eine Frequenz, der oberhalb der Hörgrenze des Menschen liegt.

Als Beutegreifer sind unsere Samtpfoten auf ihre guten Ohren angewiesen. Bei der Jagd im Dämmerlicht müssen sie wissen, wohin sie springen und können sich beim Anschleichen nicht nur auf die Augen verlassen. Ihr exzellenter Hörsinn erlaubt ihnen, die Quelle eines Geräusches perfekt zu bestimmen. Selbst wenn zwei Mäuse nebeneinander sitzend an einer Nuss knabbern, nehmen Katzen die Geräusche getrennt wahr. Ihre Ohrmuscheln lassen sich unabhängig voneinander um 180 Grad drehen und exakt auf eine Geräuschquelle ausrichten. Nimmt das eine, nach vorn gedrehte Ohr das Zwitschern eines Vogels wahr, registriert das andere das im Rücken der Katze durchs Gras huschende Mäuschen. Auch da, wo sich der Mensch in vollkommener Stille wähnt, fangen Katzenohren noch jeden Laut auf. Für uns beginnt der Ultraschallbereich, in dem wir nichts mehr wahrnehmen, bei einer Tonhöhe von maximal 20.000 Hz; Katzen hingegen entgeht nichts bis zu einer Frequenz von fast 70.000 Hz. Und das ist genau der Bereich, in dem sich Kleinnager, ihre Vorzugsbeute, mit Stimmfühlungslauten unterhalten. Beste Voraussetzungen also für einen erfolgreichen Lauschangriff …

Ein bisschen **Rücksicht** auf sensible Ohren

Auch wenn Katzenohren laute Geräusche ausblenden können, sollten zuknallende Türen, überlaute Musik und ständiges Kindergeschrei in der Wohnung tabu sein. Gönnen Sie Ihrer Katze ruhige Rückzugsorte.

Gott schuf die Katze, damit der Mensch einen Tiger zum Streicheln hat.

V I C T O R   H U G O

24

Geliebt, verehrt und geopfert
Der Kult um die heiligen Katzen vom Nil

Im Alten Ägypten wurde Bastet, die Tochter des Sonnengottes Re, als Göttin der Liebe und Fruchtbarkeit verehrt. Die Katze war das heilige Tier der Göttin, die daher als Katze oder in menschlicher Gestalt mit Katzenkopf dargestellt wurde. Ihr besonderer Status schützte die Katzen allerdings nicht vor einem frühen Tod.

Der Kult um die Katzen Ägyptens erreichte in der Epoche des Neuen Reichs zwischen 1550 und 1070 vor der Zeitenwende seinen Höhepunkt. Die Menschen hatten den Katzen viel zu verdanken, hielten sie doch ihre Vorratsspeicher frei von Mäusen und Ratten. Darstellungen von Katzen gab es in fast jedem Haus und viele Ägypter trugen ein Katzenamulett. Beim Tod einer Katze trauerte die ganze Familie und bestattete das Tier auf einem Katzenfriedhof. Wer eine Katze tötete, machte sich eines Kapitalverbrechens schuldig. Die heiligen Katzen wurden wahrscheinlich in den Tempeln der Göttin Bastet gezüchtet. Bastet schützte die Menschen vor dem Bösen, hütete ihre Wohnungen und schenkte Liebe. In den Tempeln der Göttin konnten die gläubigen Ägypter aber auch Katzen als Opfergabe erwerben. Das Schicksal der heiligen Tiere war damit besiegelt: Von den Priestern erwürgt und einbalsamiert, wurden sie von Katzenbestattern auf riesigen Katzenfriedhöfen beigesetzt. Mit Röntgenaufnahmen konnte man nachweisen, dass viele dieser Tiere schon mit eineinhalb Jahren ihr Leben ließen.

Doch die *Liebe* wird nie enden

Die kultische Verehrung der Katze gehört längst der Vergangenheit an. Aber kleine Götter sind unsere Samtpfoten trotzdem geblieben. Wer fühlt sich in ihrer Nähe nicht reich beschenkt und möchte sie auf Händen tragen? So lenken Katzen auch heute noch wie von selbst die Geschicke ihrer Familie.

Ein Kätzchen ist für die Tierwelt,
was eine Rosenknospe für den Garten ist.

ROBERT SOUTHEY

Hoch hinaus, aber wie wieder runter?
Früh übt sich, wer ein echter Klettermaxe werden will

Ein Kätzchen hoch oben im Baum und vor Angst erstarrt. Nichts geht mehr, weder vor noch zurück. Kein Einzelfall, wenn junge Himmelsstürmer auf vier Pfoten ihre Grenzen noch nicht kennen.

Etwa ab der 5. Lebenswoche gehen Katzenkinder auf Entdeckungsreisen. Schon bald begleiten sie ihre Mutter auf Ausflügen. Sie ist das Vorbild, an ihrem Beispiel lernen die Jungen, wie sie sich in der neuen Welt verhalten müssen. Das klappt oft gut, aber nicht immer. Speziell dann nicht, wenn die naseweisen Rabauken ihre Möglichkeiten überschätzen. Auf Bäume klettern macht einen Riesenspaß und sieht bei Mama ganz leicht aus. Mit einem großen Satz vom Boden abspringen, die Vorderbeine weit spreizen und die Krallen in die Baumrinde schlagen. Das ist schon die halbe Miete. Mit dem kräftigen Schub der Hinterhand schafft es ein Nachwuchs-Klettermaxe manchmal bis in die Baumkrone. Oft genug aber gehen ihm auf halber Höhe am Stamm Puste und Mut aus. Dann will er nur noch zurück auf den Boden. Dass es Kopf voran nicht klappt, merkt er schnell. Die sichelförmig nach hinten gebogenen Krallen sind ideale Steigeisen für den Aufstieg, in Gegenrichtung erweisen sie sich leider als nutzlos. Und um sich einfach fallen zu lassen, ist es viel zu hoch. Eine ausweglose Situation für das noch unerfahrene Jungtier. Es verharrt in Schockstarre und fiept jämmerlich um Beistand. Die Katzenmutter kann es kaum aus der prekären Lage befreien. Irgendwann fasst sich das Kätzchen aber schließlich doch ein Herz und meistert den Abstieg ohne Blessuren.

Kein Fall für die Feuerwehr

Die Feuerwehr rückt in der Regel nicht aus, wenn eine Katze im Baum sitzt. Der Einsatz ist kostspielig, und die Feuerwehrleute wissen aus Erfahrung, dass fast alle Katzen selbst wieder runterkommen.

Wer auf einen Baum klettern will,
fängt unten an, nicht oben.

25

Woran Katzen ihre Menschen erkennen
Vertraute Düfte, Gesten und Töne

Die Katze geht zu Menschen ihres Vertrauens ein enges Verhältnis ein, eine Liebesbeziehung, die sogar unauflöslicher ist als die zu den befreundeten Artgenossen. Ihre Bezugspersonen erkennt die Katze auch an Stimme, Geruch und Bewegung.

Die Liebe der Katze zu ihren Menschen ist ein großes Geschenk. Sie zeigt uns ihre Zuneigung auf viele verschiedene Weisen: Mit erhobenem Schwanz kommt sie angelaufen, wenn sie unsere Stimme mit angenehmen Dingen, etwa einem Leckerbissen, dem Clickertraining oder einem aufregenden Ballspiel verknüpft. Beim Streicheln und Schmusen schließt sie wohlig die Augen, schnurrt anhaltend, streckt entspannt die Pfoten aus und zeigt uns ihr Wohlbefinden mit dem Milchtritt, dem rhythmischen Ausfahren und Einziehen der Krallen. Rufen wir die Freigängerin zur gewohnten Fütterungszeit ins Haus zurück, kommt sie meist freudig und erwartungsvoll herbei.

Nicht allein an der Stimme, auch an Bewegungen und Gesten erkennt die Katze vertraute Personen. Im Nahbereich bestätigt ihr die Schnupperprobe dann, dass sie sich nicht geirrt hat. Als Jägerin nimmt die Katze vor allem Bewegungen wahr. Auf größere Distanzen erkennt sie auch befreundete Menschen oft nicht, solange sie stillstehen, und reagiert erst auf eine Geste mit dem Arm oder eine geänderte Körperhaltung. Im Nahbereich spielen die gewohnte Kleidung des Menschen und der vertraute Körperduft eine bestimmende Rolle. Veränderungen im Aussehen oder Geruch können bei schüchternen Exemplaren zu vorübergehenden Irritationen führen, wenn etwa der Halter mit einem großen Hut daherkommt und die sensible Katzennase zusätzlich mit seinem Aftershave verwirrt. Das kann auch gelten, wenn man mit einer anderen Duftnote aus dem Urlaub heimkehrt, und die Katze nicht allein wegen unserer längeren Abwesenheit zuerst auf Distanz bleibt.

Katzen lieben Menschen viel mehr als sie zugeben wollen, aber sie besitzen so viel Weisheit, dass sie es für sich behalten.

Mary Eleanor Wilkins Freeman

26

Durchblick in der Dämmerung
Der erstaunliche Sehsinn der Katze

Die Iris kann sich weiten oder zusammenziehen, Licht fällt durch die Pupille auf die Linse, wird durch den Glaskörper geleitet und trifft auf die Netzhaut. Das Auge der Katze gleicht im Aufbau dem des Menschen. Und doch ist es einzigartig und zu verblüffenden Leistungen fähig.

Mit 220 Grad verfügen Katzen über ein großes Gesichtsfeld, bei uns beträgt der Sehwinkel nicht mehr als 180 Grad, wenn wir geradeaus blicken. Den Fellnasen entgeht daher kaum etwas von dem, was um sie herum passiert. Schlechte Karten für kleine Nager, die sich unvorsichtig aus der Deckung wagen. Katzenaugen nehmen vor allem Bewegungen wahr, die Sehschärfe hingegen ist weniger ausgeprägt. Und wo wir beim Fernsehen einen fortlaufenden Film sehen, löst er sich für die Katze in eine Folge von Einzelbildern auf. Eine Leistung, die wir nur mit einer Highspeed-Filmkamera nachvollziehen können.

Im Restlicht, wenn wir gar nichts mehr erkennen, sieht die Katze noch sehr gut. Für die Dämmerungsjägerin ein entscheidendes Plus, um zum Jagderfolg zu kommen. Ihre Pupillen können sich dreimal stärker erweitern als unsere und empfangen so mehr Licht. Bei starkem Lichteinfall verengen sie sich zu schmalen Schlitzen – anders als bei Großkatzen wie dem Löwen, dessen Pupillen sich zum Punkt zusammenziehen. Verantwortlich fürs gute Dämmerungssehen ist auch das *Tapetum lucidum*, eine Pigmentschicht im Augenhintergrund, die einfallendes Licht reflektiert. So werden die lichtempfindlichen Stäbchen- und Zapfenzellen ein zweites Mal angeregt. Im Auge der Katze sitzen dreimal mehr Stäbchen als in unserem, daher sehen Katzen in der Dämmerung um 60 Prozent besser als wir. Farbensehen spielt für Katzen keine bedeutende Rolle, die Zahl der Zapfenzellen ist daher vergleichsweise gering. In völliger Dunkelheit sieht aber auch eine Katze nichts mehr.

Die Augen einer Katze sind Spiegel,
durch die nur wenige Auserwählte einen Blick
in das Reich der Feen tun können.

27

Zen-Meister auf vier Pfoten
Vom selbstgenügsamen Wesen der Katze

Eine Katze, die vollkommen relaxt in der Sonne liegt, erinnert uns unwillkürlich an den Zustand meditativer Versenkung, der im Buddhismus Zen genannt wird. So scheinen Katzen ideale Lehrmeister für ein Sein ohne Denken und ohne Tun.

Ganz im Augenblick zu sein, eins zu werden mit dem Jetzt, ohne sich ablenken zu lassen – das scheint allen Katzen eigen zu sein und das macht auch die Faszination aus, die sie auf uns ausüben. Sie sitzen auf der Fensterbank, den Blick in die Ferne gerichtet, scheinbar entrückt in eine andere Welt; sie fixieren ein im Gras liegendes Blatt, als wollten sie seine Vergänglichkeit ergründen; sie verharren bewegungslos vor einem Mauseloch, und die Zeit scheint stillzustehen. Das Vermögen, völlig in sich zu ruhen, macht Katzen gleichsam zu Zen-Meistern auf vier Pfoten. Zen ist Praxis, keine Theorie, und die Katzen leben es uns vor. Es ist nicht nur das Versenken in sich selbst und die

Kraft, die Katzen aus ihrer Selbstgenügsamkeit schöpfen, es ist die Konzentration auf den Moment, so wie sie auch zur Zen-Praxis gehört. Was immer Katzen tun, sie tun es mit Hingabe und Leidenschaft. Als wollten sie uns beweisen, was die Zen-Meister in ihren Schriften festgehalten haben: »Es gibt nichts zu erreichen, nichts zu tun und nichts zu besitzen.«

Am *Vorbild Katze* zu sich selbst finden

Wir richten uns nur zu oft nach den Erwartungen anderer und stellen die persönlichen Sehnsüchte und Wünsche zurück. Katzen zeigen uns, wie man seine eigenen Ansprüche wahrt und trotzdem enge soziale Kontakte knüpfen kann. Und sie demonstrieren mit frappierender Selbstverständlichkeit, wie man in fast jeder Lebenslage völlig entspannt und den Augenblick genießt. Von Katzen können wir lernen, uns nicht zu verstellen und gelassener zu werden.

*Von allen Tieren erlangt nur die Katze
das rechte Sichversenken. Sie betrachtet das Rad
des Lebens von außen, wie Buddha.*

Andrew Lang

28

29

Eine ungewöhnliche Tierfreundschaft
Katze Muschi und Kragenbärin Mäuschen

Tierfreundschaften erstaunen und berühren uns immer wieder, besonders wenn es so ungewöhnliche sind wie die innige Beziehung zwischen der schwarzen Hauskatze Muschi und Kragenbärin Mäuschen im Zoologischen Garten von Berlin.

Zehn Jahre lang konnten die Besucher des Berliner Zoos das ungleiche Paar beobachten. Begonnen hatte die Partnerschaft, als die Katze zufällig eines Tages im Bären-Freigehege auftauchte. Die kleine Streunerin schloss sich sofort der Bärendame an, wurde von Mäuschen quasi adoptiert und auch gegenüber den anderen Bären des Geheges beschützt. Die Liebe war so groß, dass Muschi alle Gefahren in Kauf nahm. Fortan waren die vier Kilo leichte Hauskatze und die schwergewichtige Bärin – weibliche Kragenbären können bis zu 90 Kilo auf die Waage bringen – fast unzertrennlich. Muschi kuschelte und Mäuschen schmuste, die kleine Samtpfote schlief zwischen den großen Tatzen der Bärin und fraß den Fisch der Fischbrötchen, die auf dem Speisezettel ihrer Freundin standen. Während des Umbaus des Geheges mussten die beiden getrennt werden. Muschi schrie mehrere Nächte herzergreifend, bis beide wieder vereint waren. Die Freundschaft blieb bestehen, bis Mäuschen als älteste Bärin des Berliner Zoos mit 42 Jahren eingeschläfert werden musste.

Ungleiche Freundschaften versetzen uns oft genug in Erstaunen, wahrscheinlich weil wir Tieren nur Instinkte zutrauen und die Natur auf Fressen und Gefressenwerden reduzieren. Doch wenn wir Tieren unvoreingenommen begegnen, berühren sie uns mit ihrer Intelligenz und ihren Gefühlen immer wieder. Selbstlose Zuneigung und Liebe scheint keine Grenzen zu kennen, sie entfaltet sich selbst zwischen so verschiedenen Arten wie Katzen und Bären. Was Muschi uns zeigte, ist universell: Es gibt die unterschiedlichsten Empfindungen und Beziehungen.

Die Freundschaft zu einer Katze ist eine
Freundschaft, die nicht erschüttert werden kann.

Japanische Weisheit

Einfühlungsvermögen und Geduld
Wenn eine zweite Katze ins Haus kommt

Was gibt es Schöneres als ein Leben mit Katze? Ganz klar: die Partnerschaft mit zwei befreundeten Katzen! Nicht nur für uns ist der Zuwachs eine Bereicherung, auch Katzen können das Zusammensein mit einem Artgenossen genießen, so lange die Chemie zwischen beiden stimmt. Bis aus dem anfänglichen Nebeneinander ein Miteinander wird, braucht es jedoch Geduld und Fingerspitzengefühl.

Wer mit Wurfgeschwistern ins Katzenleben startet, hat es etwas leichter, besonders dann, wenn beide schon früh die Nähe zueinander suchten. Ziehen Bruder und Schwester bei Ihnen ein, dürfen Sie die rechtzeitige Kastration nicht vergessen.
Oft gehört jedoch schon eine Katze zur Familie, wenn der Wunsch nach einer zweiten aufkommt. Je nach Alter, Geschlecht, Charakter und Vorgeschichte des Stubentigers mit den älteren Wohnrechten kann es dabei zu Dissonanzen und Eifersuchtsszenen,

manchmal aber auch zu ernsthaften Problemen kommen, und nicht selten muss die neue Katze wieder ausziehen. Neben der Wahl des richtigen Katzenpartners sind auch die Umstände des ersten Zusammentreffens entscheidend dafür, ob die beiden Freundschaft schließen können. Wie bei Menschen kann der erste Eindruck darüber entscheiden, ob das Gegenüber akzeptiert wird oder nicht. Deswegen gilt bei jeder Katzenzusammenführung: Die Katzen bestimmen das Tempo und nicht der Mensch.

Schnuppertage zum Eingewöhnen

Die neue Katze sollte anfangs in einem separaten Raum gehalten werden und Zeit haben, in der neuen Umgebung anzukommen. Erst dann folgt die langsame Zusammenführung mithilfe eines Trenngitters. Schenken Sie der alteingesessenen Katze jetzt viel Zuwendung, damit sie sich nicht zurückgesetzt fühlt.

Freundschaft, das ist eine Seele in zwei Körpern.

ARISTOTELES

30

31

Leben in der dritten Dimension
Auch Wohnungskatzen wollen hoch hinaus

Ein Hund will rennen und sich austoben, die Katze hingegen ist eine fakultative Läuferin: Wenn es sein muss, kann sie Vollgas geben. Muss aber meist nicht. Für eine katzengerechte Wohnung braucht es daher keine Rennstrecke. Wohl aber Kletter- und Liegemöglichkeiten, weil für Katzen Höhe zählt.

Sind reine Wohnungskatzen glücklich? Eine Frage, die unter Katzenfreunden nach wie vor kontrovers diskutiert wird. Die Katze braucht regelmäßig Auslauf, um ihre arttypischen Verhaltensweisen auszuleben, fordern die einen. Eine sinnvoll strukturierte Wohnung kann ihr genug Abwechslung bieten und schützt sie vor allem vor den Gefahren, denen Freigänger ausgesetzt sind, betonen die anderen.

Bei der Pirsch durchs Revier bewegt sich die Katze eher gemächlich schlendernd als forciert, stoppt hier und dort kurz, um eine Schnupperprobe zu nehmen, schärft ihre Krallen an einem Holzpfahl oder Baumstamm, verschwindet im Gestrüpp oder lässt sich an ihrem Lieblingsplatz die Sonne auf den Pelz scheinen. Vor allem aber will sie hoch hinaus und bezieht regelmäßig Posten an erhöht liegenden Geländepunkten, von denen aus sie ihr Revier im Blickfeld hat. Die dritte Dimension gehört ganz selbstverständlich zum Lebensraum der Katze. Das sollte auch bei der Wohnungshaltung berücksichtigt werden. Eine Katze braucht nicht gleich eine weitläufige Villa, um sich wohl zu fühlen, so lange sie die Möglichkeit hat, über Treppchen, Leitern oder an Kletterseilen Liegeplätze im Bücherregal oder auf dem Schrank zu erreichen. Ganz toll, wenn ein Höhenweg die Vorzugsplätze miteinander verbindet. Bei geschickter Aufteilung des Inventars lässt sich so die Wohn- und Wohlfühlfläche der Katze nahezu verdoppeln. Ein mehrstöckiger, fest verankerter Kratzbaum, gern als Deckenspanner, gehört dabei zur Grundausstattung. An gefährlichen Stellen schützen Sicherheitsnetze vor dem freien Fall.

Eine dösende Katze ist das Abbild perfekter Seligkeit.

J ULES C HAMPFLEURY

32

Ganz cool an heißen Tagen
Können Katzen eigentlich schwitzen?

Wenn es heiß ist, schwitzt man – zumindest ist das bei uns so. Katzen müssen mit hohen Umgebungstemperaturen anders fertig werden. Da ihr Körper nur wenige Schweißdrüsen aufweist, haben sie andere Techniken entwickelt, um sich vor Überhitzung und einem Hitzekollaps zu schützen.

Schweißdrüsen gibt es bei uns überall am Körper, bei der fast vollständig von Fell bedeckten Katze hingegen nur an einigen wenigen Stellen ihres Körpers, wie unter den Sohlenballen, zwischen den Zehen, an den Lippen, im Bereich der Zitzen und am After. Die Schweißdrüsen an den Pfoten hinterlassen auf einem glatten Fußboden sichtbar feuchte Abdrücke, deren leicht strengen Geruch auch die menschliche Nase registriert. Die Duftsignale dienen der Markierung des Eigenbezirks der Katze, aber auch zur Ableitung überschüssiger Wärme. Hin und wieder, wenn auch eher selten, kann man beobachten, wie Katzen sich durch Hecheln mit offenem Mund Erleichterung zu verschaffen suchen. Der auf der Zunge und im Rachen verdunstende Speichel sorgt für etwas Abkühlung. Allerdings sollte man bei diesem auffälligen Verhalten vorsorglich handeln und der Katze Trinkwasser und ein kühles Plätzchen anbieten. Hecheln kann gleichermaßen ein Indiz für Überhitzung oder Stress sein. Bei sommerlichen Temperaturen regulieren unsere Stubentiger ihren Wärmehaushalt durch intensives Belecken des Fells. Der verdunstende Speichel schafft wirksame Abkühlung. Wird es ihnen trotzdem zu warm, suchen sie einen schattigen Ort auf und ruhen lang ausgestreckt, wobei auch über die Ohren Wärme abgeleitet wird. Der Katzenkörper erträgt für kurze Zeit Temperaturen bis zu erstaunlichen 50 Grad Celsius. Bei großer Hitze, speziell an schwülen Sommertagen, fühlen sich aber auch Katzen schlapp und sollten sich in schattige, gut durchlüftete Räume ohne Zugluft zurückziehen können.

Wer eine Katze hat,
braucht das Alleinsein nicht zu fürchten.

Daniel Defoe

33

Von »Wasserratten« und Fischfängern
Wie wasserscheu sind Katzen wirklich?

Katzen gelten als wasserscheu. Die meisten von ihnen bestätigten die Einschätzung und machen sich nur ungern nass. Doch in der großen Katzenfamilie gibt es auch echte Wasserliebhaber, die freiwillig und regelmäßig baden gehen. Und schwimmen können schließlich fast alle Katzen.

Die Hauskatze stammt von wild lebenden Katzen aus den Wüsten und Halbwüsten Nordafrikas ab, wo Wasser Mangelware ist. Das Erbe der Vorfahren ist bei unseren Stubentigern noch lebendig, die um Wasserstellen, Bäche und Teiche meist einen Bogen machen. Andererseits scheuen sich viele Katzen nicht davor, selbst bei Regen und Schnee auf Streifzüge durchs Revier zu gehen. Und dass Katzen geschickte Angler sind, haben schon viele unvorsichtige Fische in Gartenteichen und Aquarien mit dem Leben bezahlt. Die Türkisch Van ist eine Katzenrasse, die sich mit dem Fischfang quasi ihren Lebensunterhalt verdient.

Sie liebt das Wasser und schwimmt oft im Van-See im Osten der Türkei, von dem sie auch ihren Namen hat. Ähnlich aktiv als »Wasserratte« ist die Fischkatze, eine in Südostasien wild lebende Katzenart.

Katzen holen sich ungern nasse Füße, genießen aber das Spiel an einem Wasserhahn oder Zimmerbrunnen, wobei sie mit der Pfote die Wassertropfen zu erhaschen versuchen. Die Scheu vor Nässe hat Gründe. Einer davon dürfte das durch die Feuchtigkeit schwerer werdende Fell sein, was die Beweglichkeit einschränkt und im Notfall die Flucht behindert. Bis eine Katze völlig und bis auf die Haut durchnässt ist, dauert es lange, weil der Fettfilm ihres Haarkleids das Wasser abperlen lässt. Hat sich das Fell aber schließlich mit Wasser vollgesogen, kühlt der Körper sehr schnell aus. Nach starkem Regen oder einem unfreiwilligen Vollbad beleckt sich die Katze daher intensiv, um die Feuchtigkeit aus dem Fell zu entfernen und es wieder einzufetten.

*Die Katze frisst gern Fische,
    sie will aber nicht ins Wasser.*

DEUTSCHES SPRICHWORT

34

Die katzengerechte Wohnung
Schutzgitter und -netze sichern Kippfenster und Balkon

Katzen sind eher vorsichtige Tiere. Trotzdem können ihnen ihre sprichwörtliche Neugier und ihr Erkundungsdrang zum Verhängnis werden. In einer Katzenwohnung müssen daher Balkone und Fenster richtig gesichert sein.

Junge Katzen interessieren sich für alles und stecken ihr Näschen auch dort hinein, wo es für sie gefährlich ist. So nimmt es nicht wunder, dass die meisten Unfälle im ersten Lebensjahr passieren. Aber auch erwachsene Freigänger und alte Balkonhasen sind nicht davor gefeit. Ganz oben auf der Liste der Unfallquellen steht das Kippfenster. Viele Katzenhalter unterschätzen das Risiko und lassen die Fenster selbst dann gekippt, wenn sie nicht im Haus sind. Will die Katze nach draußen und es gibt keine Katzenklappe, versucht sie es übers Kippfenster. Mit Kopf und Vorderbeinen geht es noch gut, doch dann rutscht sie im spitzen Winkel des Fensters nach unten und bleibt hängen. Strampeln und Aufbäumen verschlimmern die Situation und haben ernste Verletzungen, oft sogar den qualvollen Tod zur Folge. Ein Kippfensterschutz aus dem Fachhandel schafft Sicherheit. Das stabile Drahtgitter wird mit Schrauben oder Klebestreifen befestigt. Aber auch ein Kissen oder eine zusammengerollte Decke kann man in den Fensterspalt stopfen. Genauso wichtig ist ein schützendes Katzennetz auf dem Balkon. Selbst erfahrene Balkontiger können auf der Balkonbrüstung die Balance verlieren, und spätestens ein vorbeifliegender Vogel lässt die Katze jede Vorsicht vergessen.

Gefahrenquellen in der Wohnung

Im Haus lauern auf Katzen viele Gefahren: giftige Pflanzen, Putzmittel, Medikamente, heiße Herdplatten, die offene Waschmaschine. Gefährliches sichern und Gefahrenquellen minimieren heißt die Devise.

*Was sind wir für Philosophen, wenn wir nichts
von Ursprung und Bestimmung der Katzen wissen.*

HENRY DAVID THOREAU

Der erstaunliche Tastsinn der Katze
Luftströmungsmesser und Vibrationsdetektoren

Der Schnurrbart verleiht dem Katzengesicht die besondere Note. Mit Schnurren haben die auffälligen Haare jedoch nichts zu tun. Es sind extrem empfindliche Tastorgane und Bewegungsmelder, und für die Katze ebenso wichtig wie ihre Pfotenballen, die feinste Vibrationen wahrnehmen.

Die Schnurrbarthaare sind dicker und länger als alle anderen Haare im Katzenfell. Zwölf in vier Reihen angeordnete Schnurrhaare sitzen auf jeder Seite der Nase, einige weitere über den Augen. Mit den speziellen, auch Vibrissen genannten Haaren, ertastet die Katze zum Beispiel die Breite eines Durchschlupfs und geht so auf Nummer sicher, dass sie nicht darin stecken bleibt. Hat die Jägerin eine Maus zwischen den Zähnen, legt sich der Schnurrbart um die Beute und gibt ihr die Rückmeldung, ob sie den Nager sicher gepackt hat. Die Schnurrhaare liefern nicht nur Informationen im direkten Kontakt, sie nehmen sogar berührungslos Luftströmungen wahr, wie sie um jeden festen Körper herum auftreten. Vibrissen finden sich auch an Kinn, Ellenbogen, an den Beinen und Pfoten; kleinere Tasthaare sind über den ganzen Körper verteilt. Der Tastsinn in den Pfoten steht dem der Schnurrhaare nicht nach. Pacinische Körperchen nennt man die druckempfindlichen Sinneszellen in den Sohlenballen, die jede Erschütterung des Bodens registrieren – die Schritte des Menschen genauso wie das Trippeln einer vorbeihuschenden Maus.

Tierische Erdbebenwarner

Dass Katzen, Pferde, Hunde, Schlangen, Kröten und viele andere Tiere Erdbeben im Voraus spüren und sich anders verhalten als sonst, weiß man seit der Antike. Dabei scheint neben der Wahrnehmung von Vibrationen auch die Reaktion auf Veränderungen im elektrischen Feld der Luft eine Rolle zu spielen.

*Ich bin sicher, dass Katzen auf einer
Wolke gehen könnten ohne durchzufallen.*

Jules Verne

35

36

Die eigentümliche Sache mit dem Bauch
Vertrauensbeweis und Verteidigungsposition

Wenn sich eine Katze auf den Rücken legt und uns ihre Bauchseite präsentiert, ist das ein Zuneigungsbeweis, auf den jeder Katzenhalter stolz sein darf: Sein Stubentiger fühlt sich beim ihm geborgen und hat ihn ins Herz geschlossen.

Die Rückenlage ist eine besondere Körperhaltung der Katze. Zum einen signalisiert das Zurschaustellen der verletzlichen Unterseite vollständiges Vertrauen dem Menschen gegenüber, zum anderen ist es eine Kampf- und Verteidigungsposition, die im Spiel, aber auch bei ernsthaften Auseinandersetzungen mit Artgenossen und anderen zudringlichen Tieren eingesetzt wird. Schon die Katzenkinder demonstrieren in ihren wilden Kampfspielen mit den Wurfgeschwistern, wie gut man sich auf dem Rücken liegend mit allen vier Pfoten zur Wehr setzen kann. Oft genug weiß der Angreifer nicht, wie er den vielen Krallen seines Gegenübers beikommen soll und trollt sich lieber oder zögert die nächste Attacke so lange hinaus, bis der Kontrahent die Rückenposition aufgibt, um in »konservativer« Körperhaltung weiterzukämpfen. Viele Halter werten es als eindeutige Aufforderung zum Bauchstreicheln, wenn ihre Katze ihnen die Unterseite darbietet … und sind nicht wenig überrascht, dass der eben noch völlig verschmuste Stubentiger sich plötzlich mit ausgefahrenen Krallen dagegen wehrt. Bleiben dann noch Kratzspuren an den Händen zurück, gilt die Katze schnell als undankbar und hinterhältig. Doch das arme Tier trifft keine Schuld: Die ererbte Abwehrreaktion ist so tief verwurzelt, dass sie selbst in Situationen durchbricht, wo sich der Wohnungstiger nicht verteidigen muss. Und viele Halter merken zudem oft nicht, wann es ihrer Katze zu viel des Guten wird. Dabei sind die individuellen Unterschiede sehr groß: Viele Katzen lassen Bauchkontakt jederzeit zu, andere zeigen unmissverständlich: »Mein Bauch gehört mir allein.«

Ich streichelte, ich liebkoste dies weiche, sensible Tier, das geschmeidig ist wie ein Stoff von Seide – sanft, warm, kostbar und gefährlich.

Guy de Maupassant

Katzen sind Akrobaten der Lüfte
Weltmeisterlich im Springen und Balancieren

Kein Seiltänzer balanciert gelassener und sicherer, keine Primaballerina springt geschmeidiger und graziöser. Katzen zeichnen sich durch traumhafte Körperbeherrschung aus – ob im Zielsprung, beim Balanceakt auf kaum pfotenbreiter Brüstung oder dem Hakenschlagen im vollen Lauf.

Eine Katze springt ohne Probleme aus dem Stand fast senkrecht vom Boden auf den Küchentisch, was etwa das Fünffache ihrer Körpergröße bedeutet. Und landet punktgenau und so leise und leichtfüßig auf ihren gut gepolsterten Pfotenballen, als würde es sie überhaupt keine Anstrengung kosten. Für die eleganten und fließenden Bewegungen des Katzenkörpers ist neben den über 500 Muskeln und Muskelgruppen vor allem die außerordentlich biegsame Wirbelsäule verantwortlich. Die Sprungkraft wiederum kommt aus den muskulösen Hinterbeinen. Die mit widerstandsfähiger Hornhaut überzogenen Pfotenballen wirken beim

Springen gleichsam als Stoßdämpfer und machen die Schleichjägerin darüber hinaus zur perfekten Leisetreterin. Katzen setzen beim Laufen lediglich die Zehen auf, nicht die ganze Sohle wie wir. Die Krallen werden nur bei Bedarf ausgefahren.

Beim Balancieren auf schmalen Mauervorsprüngen oder Zäunen schützt ihr hochentwickelter Gleichgewichtssinn die Katze vorm Sturz in die Tiefe. Der Schwanz dient dabei als wichtiges Steuergerät und macht Ausgleichsbewegungen ähnlich der Balancierstange eines Hochseilartisten. Aber auch Katzen sind vor einem Absturz nicht sicher. Im freien Fall sorgt dann ein Stellreflex dafür, dass die Katze auf allen Vieren landet und die unfreiwillige Luftfahrt nicht allzu böse endet. Auch hier übernimmt der Schwanz eine wichtige Steuerfunktion. Stürze aus größerer Höhe gehen meist glimpflicher ab als solche aus niedriger Fallhöhe, wo die Zeit meist nicht ausreicht, den Körper für eine sichere Landung zu drehen.

Sieben Leben hat die Katze.

37

38

Ungestört und doch mittendrin
Katzen brauchen ganz private Rückzugsplätze

Wie viel Nähe sie uns erlaubt, wann ihr der Sinn nach Spielen oder Schmusen steht, und wann sie gern allein sein will, entscheidet jede Katze für sich selbst. Wenn ihre Menschen das erkennen und akzeptieren, ist die Basis gelegt für eine wundervolle Freundschaft frei von Missverständnissen.

Katzen entscheiden selbst, wonach ihnen der Sinn steht: schmusen, dösen, spielen, fressen oder jagen. Und wir tun gut daran, ihre Bedürfnisse zu respektieren. Wer mit seiner Katze schmusen will, während sie lieber Siesta halten möchte, macht sich und ihr keine Freude, sondern stößt auf Ablehnung und manchmal handgreiflichen Widerspruch. Wenn wir die Bedürfnisse der Katzen immer wieder missachten, leidet die Beziehung zwischen Mensch und Tier.

Katzen brauchen Rückzugsplätze! Ganz private Ruhelager, die für alle anderen Mitbewohner – Mensch und Tier – tabu sind und an denen sie nicht gestört werden. Ideal sind erhöhte Liegeflächen, zum Beispiel hoch oben im Bücherregal oder auf einer Kommode. Den Auf- und Abstieg erleichtern Zwischenpodeste oder kleine Treppen. Weitab vom Geschehen in der Wohnung sollten die Vorzugsplätze aber auch nicht installiert werden, da eine Katze immer wissen will, was um sie herum passiert. Auch im Freiland beobachten Katzen von hoch gelegenen Aussichtspunkten, den sogenannten Warten, was sich in ihrem Revier tut. Das schützt vor Überraschungen, wenn etwa der ungeliebte Kater des Nachbarn widerrechtlich durchs fremde Revier pirscht.

Wenn der Rückzugsplatz in der Wohnung darüber hinaus Sichtschutz bietet, kommt das der Natur der Katze noch näher: Sehen ohne gesehen zu werden, heißt ihre Devise. Aus der Deckung heraus kann man Besucher und andere Fremdlinge in Ruhe beobachten, ohne gleich unterm Sofa verschwinden oder die Flucht ergreifen zu müssen.

Eine Katze hört gern, wenn du sie rufst.
Sie sitzt in einem Busch nur einen Meter entfernt
von deinem Schuh – und lauscht.

Irischer Aphorismus

Die wahre Geschichte von Mogli
Das Findelkind und die Straßenkatzen

Von verwilderten Hauskatzen beschützt, gewärmt und mit Nahrung versorgt, soll ein Kleinkind mehrere kalte Tage auf der Straße überlebt haben. Wer denkt da nicht gleich an Rudyard Kiplings »Dschungelbuch« und an Mogli, den kleinen Jungen, der von Wölfen adoptiert wird und bei den Tieren im Dschungel aufwächst?

Anders als Kiplings abenteuerliche Erzählung von Mogli, die mit einer Wolfsfamilie im Dschungel Indiens beginnt, spielt die reale Findelkindgeschichte in der nordargentinischen Provinz Misiones, wo eine Polizistin auf einige verwilderte Hauskatzen aufmerksam wird, die sich am Straßenrand eng zusammenkuscheln. Als sie sich der Gruppe nähert, will sie ihren Augen nicht trauen: Mitten zwischen den Tieren liegt ein kleines schlafendes Kind, das von den Körpern der acht oder neun Straßenkatzen gewärmt wird. Als die Polizistin noch näher herankommt, fauchen und spucken die Katzen und machen deutlich, dass sie den Kleinen verteidigen werden. Die Polizistin nimmt das Kind mit und kann seine Familie ausfindig machen. Ohne Hilfe der Straßenkatzen hätte der einjährige Junge die kalten Nächte möglicherweise nicht überstanden. Wahrscheinlich wurde er von der Streunergruppe nicht nur gewärmt, sondern auch noch mit Nahrung versorgt.

Fürsorgliche Katzen

Katzen haben einen starken Mutterinstinkt. Eine Kätzin, die selbst Junge hat, versieht Ammendienste nicht nur bei verwaisten Katzenbabys, sie akzeptiert manchmal sogar Sprösslinge fremder Arten, z. B. Eichhörnchen. Der Pflegetrieb ist nicht nur auf Katzenmütter mit eigenem Nachwuchs beschränkt, häufig kümmern sich erwachsene Katzen liebevoll und ausdauernd um die verschiedensten Jungtiere.

*Die Sache der Tiere steht höher für mich
als die Sorge, mich lächerlich zu machen.*

Emile Zola

39

Mit der Nase Zeitung lesen
Düfte, die das Leben der Katze bestimmen

In der Kommunikation mit den Artgenossen vertraut die Katze vor allem ihrem unbestechlichen Geruchssinn. Die Nase erkennt Freund und Feind und registriert, wer wann wo durchs Revier stolziert ist und dort Duftmarken abgesetzt hat.

Am Anfang ist die Nase. Neugeborene Katzen sind blind und taub, können sich aber schon auf ihren Geruchssinn verlassen. Der weist ihnen zuverlässig den Weg zur Milch spendenden Zitze an Mamas Bauch. Gerüche spielen im Katzenleben auch später eine zentrale Rolle. Jede Katze besitzt eine persönliche Duftnote. Durch Köpfchengeben und Flankenreiben kennzeichnet sie mit diesem Parfüm das Wohnungsinventar sowie befreundete Artgenossen und Menschen als ihren »Privatbesitz«. Im Revier setzt sie an markanten Stellen Duftsignale ab, die anderen Katzen anzeigen, wer hier das Sagen hat. Die Geruchsmarken geben Auskunft darüber, wer sich hier wann verewigt hat und vieles mehr. Im Prinzip ist es wie das Lesen der Tageszeitung, aber nicht nur der aktuellen, sondern auch älterer Ausgaben. Begegnen sich zwei Katzen, beschnuppern sie sich Nase an Nase und beriechen sich meist auch gegenseitig im Analbereich. Befreundete Katzen deuten das Begrüßungsritual jedoch in der Regel nur an.

Ein kleines, aber feines Näschen

Die Riechschleimhaut in der Katzennase umfasst 20 cm² mit 60 Millionen Riechzellen. Angesichts des Stupsnäschens ist das im Vergleich mit uns erstaunlich. Wir haben nur eine 5 cm² große Riechschleimhaut und 20 Millionen Riechzellen. Gegenüber dem Nasentier Hund hat auch die Katze das Nachsehen: Beim Dackel sind es 125 Millionen Riechzellen und die Supernase Schäferhund verfügt über 200 Millionen Riechzellen auf 200 cm² Fläche.

Was ist eigentlich die Katze?
Eine Korrektur der Schöpfung!

Victor Hugo

Wie bunt ist die Katzenwelt?
Welche Farben können Katzen erkennen?

Katzen gehen gern in der blauen Stunde auf die Pirsch und können sich auch im Dämmerlicht auf ihre Augen verlassen. Bleibt die Frage, ob Farben für ein Tier, das vorzugsweise am späten Abend oder in der Nacht unterwegs ist, überhaupt eine Bedeutung haben?

Wie bunt unsere Stubentiger die Welt wirklich sehen, können wir nur mutmaßen und aus Verhaltenstests und der Anatomie des Katzenauges ableiten. In der Netzhaut des Wirbeltierauges sitzen unterschiedliche Sinneszelltypen: Stäbchen für die Hell-Dunkel-Wahrnehmung und Zapfen für die Farberkennung. Im Auge der Katze überwiegen bei Weitem die Stäbchenrezeptoren, die Zahl der Zapfen ist vergleichsweise gering. Im Prinzip die ideale Konfiguration für eine dämmerungsaktive Schleichjägerin.

Wie bei den meisten Säugetieren sind im Katzenauge zwei Zapfentypen fürs Farbensehen verantwortlich, die Blau und Grün wahrnehmen. Das menschliche Auge besitzt Zapfen für Blau, Grün und Rot (trichromatisches Sehen). Nachdem man die Katze lange für farbenblind hielt, weiß man heute, dass sie Grün- und Blautöne gut unterscheiden kann, rote hingegen nicht. Erstaunlich ist, dass junge Katzen Farben besser erkennen als erwachsene Tiere. Die Fähigkeit bildet sich allerdings nach kurzer Zeit zurück.

Katzen mögen **Blau**

Am Institut für Zoologie der Universität Mainz testeten Wissenschaftler, auf welche Farben Hauskatzen besonders ansprechen. Unter verschiedenen Lichtverhältnissen, von hell bis dunkel, mussten die vierbeinigen Probanden zwischen blauen und grünen Farbtönen wählen, wenn sie an ihr Futter gelangen wollten. Über 95 Prozent entschieden sich für Blau. Offensichtlich haben Katzen eine Lieblingsfarbe.

Nachts sind alle Katzen grau.

Publius Ovidius Naso (Ovid)

41

Trost, Wärme und Zuneigung spenden
Katzen erweisen sich als ideale Co-Therapeuten

Der Kontakt mit Tieren entspannt und lässt Ärger und Stress vergessen. Dass kann jeder an sich selbst spüren, wenn er eine Katze auf dem Schoß nimmt und streichelt. In tiergestützten Therapien werden heute zunehmend häufiger Hunde, Pferde, Katzen, Kaninchen und andere Tiere zur Behandlung kranker und behinderter Menschen eingesetzt.

Zuerst waren es Pferde, Hunde und Kleintiere, mit denen man im Rahmen der Therapie und Nachsorge körperlich und seelisch kranker oder gehandicapter Menschen Erfolge bei Stabilisierung, Rehabilitation und Verbesserung der körperlichen und mentalen Fähigkeiten erzielte. Längst hat hier auch die Katze eine wichtige Rolle übernommen. Allein ihre Präsenz vermittelt Wärme und Anerkennung und hilft mit, Hemmungen und Blockaden zu überwinden, das Selbstwertgefühl zu steigern und sich anderen Menschen zu öffnen. In Alten- und Pflegeheimen

kommen immer mehr Katzen zum Einsatz. Sie vertreiben die Einsamkeit und geben den Senioren neue Ziele und Aufgaben. An Demenz erkrankte Menschen, zu denen man sonst kaum Zugang findet, öffnen sich nicht selten gerade einer Katze. Auch bei der Bewältigung von Lebenskrisen kann die Nähe einer Katze hilfreich sein. Studien zufolge verkraften Katzenhalter Arbeitslosigkeit, eine schwere Krankheit oder die Trennung vom Partner leichter, wenn sie sich einer Katze zuwenden können. Dass im direkten Kontakt mit Katzen Blutdruck und Pulsfrequenz sinken, weiß man schon lange. Und auch dass sich Patienten mit Katze nach einem Herzinfarkt schneller erholen als Infarktpatienten ohne Katze. Nicht abwegig ist die Hypothese, dass Tiere, die uns seit Jahrtausenden begleiten, unsere Stimmung positiv beeinflussen. Verhalten sie sich entspannt, ist das auch für uns ein Zeichen, dass keine Gefahr droht. Eines ist gewiss: Katzen tun uns allen gut.

Katzen sind ein geheimnisvolles Volk. In ihrer Seele bewegt sich mehr, als uns bewusst ist.

WALTER SCOTT

Zuckt er nur leicht oder peitscht er wild hin und her? Wird er hoch erhoben getragen oder hängt er bewegungslos nach unten? Sind die Schwanzhaare gesträubt oder liegen sie glatt an? Haltung und Bewegung des Katzenschwanzes sind elementare Verständigungsmittel und ein unübersehbares Stimmungsbarometer. Auch wir können daran ablesen, was unser Stubentiger uns sagen will.

Endlich kommt ihr Mensch nach Hause! Mit hoch gestrecktem Schwanz begrüßt ihn seine Katze schon an der Haustür und signalisiert ihm so, wie sehr sie sich über das Wiedersehen freut. Scheinmarkieren nennt man es, wenn der Schwanz dabei vor Begeisterung und Aufregung zittert. Bei einer friedlich gestimmten und ausgeglichenen Katze zeigt der Schwanz ohne Bewegung nach unten, wobei seine Spitze meist leicht aufwärts gebogen ist. Weckt etwas ihr Interesse, wird er höher getragen und beschreibt dabei eine leichte S-Kurve. Nicht selten überlagern sich verschiedene Stimmungen, weil die Katze nicht sicher ist, was sie in einer bestimmten Situation eigentlich will: nach draußen gehen oder lieber im Haus bleiben? Siesta halten oder weiter mit dem Menschen schmusen? Am zuckenden Schwanz wird der innere Konflikt offensichtlich. Hat sie sich dann endlich für eine Sache entschieden, beruhigt sich auch der Schwanz. Aufregung und Wut versetzen den Schwanz in peitschende Bewegung. Jetzt ist mit seiner Trägerin nicht mehr gut Kirschen essen. Wird sie in diesem Moment gegen ihren Willen auf dem Arm gehalten, sollte man sie besser absetzen, um eine schmerzhafte Bekanntschaft mit den Krallen zu vermeiden. Eine ängstliche Katze senkt den Schwanz ab und sträubt die Schwanzhaare, kann sich in ihrer Verzweiflung aber auch zur Wehr setzen. Der aufgeplusterte, waagerecht gestreckte Schwanz zeigt hingegen die Bereitschaft zum Angriff an.

*Wenn ich zufällig einer Katze begegne und sehe,
wie sie die Pfoten setzt, hebt sich meine Stimmung,
wie tief sie auch gesunken sein mag.*

RICARDA HUCH

Liebevolle Ansprache und feste Termine
Katzenglück braucht Familienanschluss

Heute weiß man, dass viele Katzen nicht die notorischen Einzelgänger sind, für die man sie lange ausschließlich hielt. Sie knüpfen vielmehr enge soziale Bande, nicht nur zu ihren eigenen Artgenossen, sondern auch zu den menschlichen Bezugspersonen. Damit einhergehen allerdings Ansprüche, die sie an das Leben mit uns stellen.

Es ist erstaunlich, wie bereitwillig sich Katzen unserem Lebensrhythmus anpassen. Obwohl von Haus aus dämmerungs- und nachtaktiv, verlegen sie den Großteil der Schlafenszeit auf die Nachtstunden und organisieren ihren Tagesablauf so, dass sie munter sind, wenn wir vom Job zurückkommen. Die Bereitschaft zur Kooperation darf aber nicht darüber hinwegtäuschen, dass Hauskatzen Forderungen ans Familienleben stellen, die nicht verhandlungsfähig sind. Diese Ansprüche sollte jeder Katzenhalter kennen und jeder Halter in spe vor der Entscheidung für eine Katze berücksichtigen. Ob Freigängerin oder Wohnungskatze, Katzen lieben und brauchen den geordneten Tagesablauf. Dazu zählen fixe Termine für die Mahlzeiten, für die Schmuse- und Spielstunden mit dem Menschen und die Auszeiten für die Siesta. Wer tagsüber mehrere Stunden außer Haus ist, sollte seiner Katze Verlässlichkeit bieten, indem er zu annähernd festen Zeiten heimkommt. Wie die Katze mit einem Umzug klarkommt, hängt von ihrer Persönlichkeit und ihren Erfahrungen ab. Natürlich gehören Anregungen wie Fummelbrett oder Spielzeug für junge Tiere für die Stunden des Alleinseins in jeden Katzenhaushalt. Die Solobeschäftigung kann jedoch Interaktion und Spielzeit mit dem Menschen nie ersetzen, und auch ein Mehrkatzenhaushalt ist kein Freibrief für langes Wegbleiben. Die Katze ist ein Gewohnheitstier und es ist wichtig, ihr die Regeln im menschlichen Zusammenleben liebevoll und katzengerecht zum Beispiel mithilfe des Clickertrainings beizubringen.

Und in beiden Augenpaaren, in dem des Tieres und
in dem des Menschen – ist es das gleiche Leben,
das schüchtern zum anderen drängt.

Iwan Sergejewitsch Turgenjew

44

Katzen und der Winterblues
Wenn kurze und trübe Tage lustlos machen

Kurze, verwaschene Tage, der Himmel grau in grau, erste Schneeschauer und nasse Kälte, die fröstelnd macht. Nicht nur uns, auch Katzen kann die dunkle Jahreszeit aufs Gemüt drücken. Dann verlassen sie ihren warmen Kuschelplatz kaum mehr, verdösen den ganzen Tag und scheinen sich höchstens noch fürs Futter zu interessieren.

Trübes Wetter lockt im wahrsten Sinn keine Katze hinterm Ofen hervor, außer vielleicht hartgesottene Freigänger, denen die Lust an der täglichen Pirsch im Blut liegt und das Wetter völlig schnuppe ist. Reine Wohnungskatzen hingegen können in den langen Wintermonaten durchaus an Bewegungsmangel und Reizarmut leiden. Die Lieblingsplätze auf Balkon und Fensterbrett sind verwaist, weil es draußen nichts zu beobachten gibt: keine Vögel, keine Schmetterlinge, nicht einmal Nachbars böser Kater lässt sich blicken, über den man sich sonst so schön aufregen kann.

Die Sinne stumpfen zusehends ab, der Gang zum Fressnapf wird zum Highlight des Tages, nicht selten mit entsprechenden Problemen für die Taille. Ob Mensch oder Katze – ein bisschen gemächlicher und schläfriger darf es in dieser Jahreszeit schon zugehen. Ganz von den trüben Tagen sollten sich Katzenhalter aber nicht anstecken lassen und ihren Stubentiger täglich zu gemeinsamen Spielaktivitäten animieren. Ansonsten wird aus dem kleinen Tiger eine gelangweilte, häufig auch übergewichtige Schlafmütze.

Zärtlich den *Winterblues* vertreiben

Zuwendung und Ansprache sind in grauen Tagen besonders wichtig. Verwöhnen Sie Ihre Katze mit Lob und vielen Streicheleinheiten, verstecken Sie Lieblingsleckerchen in der Wohnung, trainieren Sie mit Ball und Angel und bringen Sie aufregende Gerüche (Zweige, trockene Blätter) von draußen herein.

45

Wir können die Seele der Katze niemals vollständig verstehen, wenn wir nicht selbst Katze werden.

St. George Jackson Mivart

46

Katzen und ihr siebter Sinn
Kater Oscar begleitet Menschen auf dem letzten Weg

Oscar ist ein schöner Kater, liebenswürdig und verschmust. Das sind andere Katzen auch. Doch was Oscar von seinen Artgenossen unterscheidet, ist sein Gespür für Menschen, deren Zeit zu Ende geht. Regelmäßig ist er in ihren letzten Stunden bei ihnen und spendet ihnen Nähe und Wärme.

Oscar ist in einem Pflegestift in Providence im US-Bundesstaat Rhode Island zu Hause. Ebenso wie mehrere andere seiner Artgenossen gehört der rot-weiße Kater gewissermaßen zum Pflegepersonal des Heims und ist den Senioren, die hier ihren Lebensabend verbringen, längst ans Herz gewachsen. Es dauerte eine Zeit, bis die Pfleger des Heims bemerkten, dass Oscar anders ist als die übrigen Katzen im Haus. Obwohl sie es mit eigenen Augen sahen, konnten es viele nicht glauben: Oscar zeichnet sich nämlich durch eine erstaunliche Fähigkeit aus. Er sucht von sich aus die Nähe von Heiminsassen, die

nicht mehr lange zu leben haben. Die Ärzte des Pflegestifts beobachteten Oscar über einen längeren Zeitraum. Es stellte sich heraus, dass sie mit ihren Prognosen zur Lebenserwartung dieser Patienten eher falsch lagen als der Kater, den sein untrügliches Gespür in keinem einzigen Fall im Stich ließ.

Ein Gespür für Erkrankungen des Menschen

Katzen, aber auch Hunde und andere Tiere, nehmen Veränderungen im Gesundheitszustand des Menschen wahr. So zeigen einige durch auffälliges Verhalten an, wenn ein Zuckerkranker ins Koma zu fallen droht oder schnuppern ständig an einer Hautstelle, an der später eine Krebsgeschwulst diagnostiziert wird. Erklären kann man diese Phänomene noch nicht in Gänze. Die Wissenschaftler nehmen an, dass Katzen ähnlich wie Hunde Krebs und andere krankheitsbedingte Veränderungen erschnüffeln können.

Ein Frieden über allen irdischen Würden.
Ein unbewegt und still Gemüt.

WILLIAM SHAKESPEARE

Das Glück hat drei Farben
Schildpatt- und Tricolor-Katzen im Volksglauben

In vielen Ländern gelten Katzen mit schwarzer und roter oder schwarz-rot-weißer Fellzeichnung als Glücksbringer. Als Schiffskatzen waren die Tiere mit der auffälligen Fellfärbung schon früher sehr beliebt, da die Seefahrer in ihnen die Garanten einer glücklichen Reise sahen.

Katzen mit Schildpattmuster haben ein Fell mit roten und schwarzen Partien. Das besondere Farbmuster tritt fast ausschließlich bei weiblichen Tieren auf, da die Erbgutkomponenten sowohl für die schwarze wie auch die rote Färbung auf dem weiblichen Genom (X-Chromosom) liegen. Die sehr seltenen Schildpatt-Kater sind in der Regel unfruchtbar. In der Züchtersprache wird das Schildpattmuster Tortie genannt. Bei Tricolor-Katzen kommt zum Schwarz und Rot als dritte Farbe Weiß hinzu; dreifarbige Perserkatzen wiederum heißen in der Fachsprache der Züchter Calico oder Schildpatt mit Weiß.

Torties und Tricolor-Katzen dienten nicht nur Seefahrern als Maskottchen, um ihr Schiff vor Stürmen und Havarien zu bewahren, der Volksglaube sah in ihnen auch die Beschützer von Haus und Hof vor einer Feuersbrunst. Dieser Glaube konnte die vermeintlichen Glückskatzen allerdings selbst in Gefahr bringen, wie sich in »Brehms Tierleben« von 1893 nachlesen lässt: »Eine dreifarbige Katze schützt das Haus vor Feuer und anderem Unglück, die Menschen vor dem Fieber, löscht auch das Feuer, wenn man sie in dasselbe wirft und heißt deshalb Feuerkatze. Wer sie ertränkt, hat kein Glück mehr oder ist sieben Jahre lang unglücklich; wer sie totschlägt hat fernerhin kein Glück; wer sie schlägt muss es von hinten tun.«
Die Katzen mit dem außergewöhnlichen Fell sind nach wie vor beliebt. So trifft man zum Beispiel in Japan überall auf dreifarbige Maneki-neko, kleine und große Glückskatzen-Figuren aus Porzellan oder Plastik, die eine Pfote zum Winken erhoben haben.

So viel begreift selbst der nüchterne Sinn und Verstand,
dass der Mensch das Tier nicht als bloßes
Mittel für sein eigenes Dasein anzusehen berechtigt ist.

Bogumil Goltz

47

Die goldenen Tage des Katzenherbstes
Was sich ändert, wenn die Katze alt wird

Ihre Bewegungen sind nicht mehr so flüssig und elegant wie früher, große Sprünge macht sie nur noch selten und ab und zu verzichtet sie sogar auf die früher unverzichtbare morgendliche Pirsch durchs Revier: Unsere Katze ist alt geworden. Sie braucht jetzt mehr Fürsorge und Rücksicht.

Hauskatzen bleiben über viele Jahre fit, auch wenn sie in die Jahre kommen, registriert man Anzeichen des Älterwerdens kaum. Deutliche Alterssymptome stellen sich erst im letzten Lebensabschnitt ein, dann jedoch kann es sehr schnell gehen. Dass Katzen körperliche Einschränkungen zu überspielen versuchen, ist ein Erbe ihrer wild lebenden Vorfahren: Wer Schwäche zeigt und sich eine Krankheit oder Behinderung anmerken lässt, hat in der Wildnis schlechte Karten. Etwa ab dem 9. Lebensjahr verlangt eine Katze mehr Aufmerksamkeit, Zuwendung und Geduld. Bevor körperliche Veränderungen auftreten, zeigt sich an

ihrem Verhalten, dass sie kein Youngster mehr ist: Sie reagiert kritisch, wenn der gewohnte Tagesablauf ins Wanken kommt, Essenszeiten und geliebte Rituale nicht eingehalten werden. Bei Störungen während ihrer ausgedehnten Ruhezeiten zeigt sie sich unduldsam und kratzbürstig; Abwechslung im Futternapf wird, wenn überhaupt, nur widerwillig akzeptiert. Lebt sie mit einer quirligen Jungkatze unter einem Dach, sind Rückzugsplätze wichtig, wo sie von den Spielattacken des Kätzchens verschont bleibt. Später stellen sich körperliche Einschränkungen ein: Die katzentypische Geschmeidigkeit geht verloren, die Gelenke werden steifer, Klettertouren und Sprünge bereiten Probleme, die Körperpflege wird speziell für Langhaarkatzen zunehmend anstrengender. Im Alter werden viele Katzen deutlich anhänglicher und verschmuster. Sie bleiben jetzt ungern allein und genießen es, wenn man sich viel Zeit für sie nimmt, mit ihnen spricht und sie sanft streichelt und bürstet.

Katzen, diese Wesen, haben die unmenschliche Geduld der Erde; das ist ein Jahr, was für den Menschen nur eine Sekunde.

48

Positive Schwingungen
Wie Schnurren sozialisiert und heilen hilft

Schnurren ist eine außergewöhnliche Form der Lautgebung und Kommunikation. Unter allen Säugetieren schnurren nur die Katzen. Hauskatzen und andere Kleinkatzen beherrschen das Zwei-Wege-Schnurren, sie schnurren sowohl beim Ein- und Ausatmen. Großkatzen wie Löwe, Tiger und Leopard schnurren nur beim Ausatmen. Dafür können sie brüllen, was Kleinkatzen nicht können.

Bereits unmittelbar nach der Geburt können Katzenbabys schnurren und so ihrer Mutter signalisieren, dass sie wohlauf sind. Mamas Schnurren wiederum beruhigt die Jungen und vermittelt ihnen das Gefühl der Geborgenheit. In der Regel drückt Schnurren Wohlbefinden aus. In der Kommunikation mit Artgenossen, aber auch mit anderen befreundeten Tieren und dem Menschen schnurren Katzen, wenn sie sich sicher fühlen und die Begegnung genießen. Schnurren steckt an und schon bald hört man in einem Mehrkatzenhaushalt das zufriedene Schnurren aller Katzen. Aber Schnurren kann auch Ausdruck von Stress sein, wenn es Katzen nicht gut geht oder ihnen etwas weh tut. Dann schnurren unsere Samtpfoten, um Ängste und Schmerzen zu mildern. Kleinkatzen können in jeder Lage schnurren, selbst beim Fressen und Trinken. Ihnen geht dabei nie die Luft aus und sie halten den Laut bei Bedarf lange bei, wenn es sein muss über Stunden. Dass die großen Katzen nur bei ausgestoßenem Atem schnurren können, liegt an der anderen Anatomie ihres Rachenbereichs. Holt der Tiger Luft, verstummen die Schnurrlaute. Schnurren versetzt den ganzen Körper der Katze in Schwingungen. Diese Vibrationen haben eine positive Wirkung: Muskelverspannungen lösen sich, Schmerzen werden gelindert und wahrscheinlich heilen sogar Knochenbrüche schneller. Und dass eine glücklich schnurrende Katze auch uns gut tut, wissen schließlich alle Katzenhalter.

Die Katzen sind Katzen, kurz gesagt, und ihre Welt ist die der Katzen, von einem Ende zum andern.

RAINER MARIA RILKE

Musik für sensible Katzenohren
Sanfte Klänge zum Wohlfühlen und Verwöhnen

Die Katze räkelt sich wohlig und ist sichtbar entspannt, obwohl sie sich ihren Ruheplatz direkt neben dem Lautsprecher gesucht hat. Offensichtlich macht auch bei Katzen der richtige Ton die Musik: am liebsten getragene klassische Stücke, aber auch moderne melodische Kompositionen und esoterische Klänge. Es ist wissenschaftlich belegt, dass sanfte Musik nicht nur auf den Menschen wohltuend wirkt.

Welche Musik als angenehm empfunden wird, hängt ganz entscheidend vom zugrunde liegenden Rhythmus eines Stückes ab. Das kann jeder von uns am eigenen Körper spüren. Physiologisch ist das leicht zu erklären: Musik beeinflusst Herzschlag, Blutdruck und Gemüt. Unseren Katzen ergeht es dabei augenscheinlich nicht anders. Fühlen sie sich wohl und entspannt, »tickt« ihr Organismus in einem bestimmten Rhythmus. Liegt dieser Taktgeber auch der Musik

zugrunde, wirkt sie einschmeichelnd und beruhigend – selbst auf hyperaktive Kratzbürsten und ängstliche Miezen. Studien und Tests haben diese Erkenntnisse bestätigt: Getragene und langsame Musik tut gut, schnelle Beats regen eher auf und können empfindsame Katzennaturen nervös machen. Musik für die Katze sollte also keine schrille Katzenmusik sein.

Katzen mögen Mozart

Verwunderlich ist es nicht, dass unsere Wohnungstiger eher sanfte Töne lieben. Sie mögen Mozart und andere melodische Sinfonien, gern auch esoterische Musik. Heavy Metal, Jazz und Rockmusik sind weniger ein Fall für Katzenohren. Was kann es Schöneres geben, als mit seiner Katze zu kuscheln und gemeinsam der Lieblings-CD zu lauschen? Das entspannte Hörerlebnis sorgt auch dafür, dass das Band des Vertrauens zwischen Mensch und Katze gestärkt wird.

Gewöhnliche Katzen gibt es nicht!

SIDONIE-GABRIELLE COLETTE

Liebe, die alle Zeiten überdauert
Die Faszination der Katze ist ungebrochen

Mensch und Katze – eine schon viele Jahrtausende währende, unauflösliche Beziehung, der auch dunkle Epochen nichts anhaben konnten. Unser Verhältnis zur Katze hat sich immer wieder gewandelt, geblieben aber sind die Faszination und der Zauber, der von Katzen ausgeht. Heute sind sie zu Recht unsere beliebtesten Heimtiere.

Dass Katzen schöne Tiere sind, kann niemand abstreiten, selbst wenn er kein besonderes Faible für sie hat: der schmale, harmonisch gebaute Körper, die geschmeidigen und eleganten Bewegungen, das seidig glänzende Fell, der hellwache Blick aus großen, betörenden Augen. Wer beobachtet nicht gern eine Katze, die selbstbewusst und gleichsam in sich ruhend ihrer Wege zieht, leichtfüßig auf eine Mauer springt oder geschickt auf schmalem Sims balanciert? Unter dem locker sitzenden Fellkleid erkennt man dabei ihren muskulösen, gut trainierten Körper.

Wer eine Katze streichelt, spürt diesen festen, zugleich jedoch weichen und warmen Körper und ahnt die Gewandtheit, zu der er seine Trägerin befähigt. Katzen verleiten zum Schmusen und Liebkosen. So anschmiegsam sie aber auch sind, entziehen sie sich doch jedem Versuch, sie festzuhalten. Bei aller Nähe zum Menschen ist die Eigenständigkeit der Katze ungebrochen. Das Erbe der wild lebenden Vorfahren ist auch nach Jahrtausenden der Domestikation erhalten geblieben. Unsere Hauskatze ist immer noch die perfekte und hellwache Schleichjägerin – mit scharfen Sinnen, spitzen Krallen und einem tödlichen Biss. Schmusekätzchen und gewitzte Jägerin, verspieltes Katzenkind und unerschrockene Herrin ihres Reviers. Die scheinbare Widersprüchlichkeit im Wesen der Katze und die unterschiedlichen Facetten ihres Verhaltens machen viel von der Magie aus, die sie auf uns ausübt. Ihrem rätselhaften Wesen werden wir uns auch in Zukunft nicht entziehen können.

Das Leben und dazu eine Katze,
das gibt eine unglaubliche Summe.

RAINER MARIA RILKE

Neugierig, gewitzt und hellwach
Wie intelligent sind Katzen?

Papageien sind sprachbegabt, Schimpansen können lügen, Raben täuschen sich gegenseitig, Elefanten und einige Menschenaffen erkennen sich im Spiegel. Das sind untrügliche Zeichen eines intelligenten Verhaltens. Wie sieht es damit bei Katzen aus?

Als Intelligenz bezeichnet man die Fähigkeit, sich in neuen Situationen zu behaupten, Zusammenhänge und Abläufe zu erfassen und Aufgaben durch Denken zu lösen. Seit Langem beschäftigen sich die Forscher mit der Intelligenz von Tieren und kommen immer wieder zu verblüffenden Ergebnissen, was Einsichtsvermögen und Ich-Bewusstsein vieler Arten betrifft. Dass ihre Lieblinge helle Köpfchen sind, wissen Katzenfreunde schon lange, verlässliche Studien zu den mentalen Fähigkeiten der Katze gab es bisher jedoch kaum. Erst in den letzten Jahren hat man herausgefunden, dass sie abstrakt denken und mindestens bis vier zählen können. In Tests zeigte sich, dass sie eine

Tonfolge von eins bis vier mit der jeweils entsprechenden Anzahl von Punkten auf den Deckeln von Futternäpfen verknüpfen können. Als Testkandidaten sind Katzen allerdings nicht einfach: Solange es ihnen gefällt, machen sie mit. Wenn nicht, hilft auch die leckerste Futterbelohnung nicht mehr.

Je nach Situation setzt jede Tierart andere Strategien ein, um Aufgaben zu lösen. Katzen demonstrieren immer wieder, dass es ihnen offensichtlich viel Spaß macht, sich kniffligen Herausforderungen zu stellen. Und sie beweisen dabei ein außergewöhnliches Beobachtungs- und Kombinationsvermögen. Zum Beispiel, wenn sie uns beim Türöffnen zusehen, um dann durch Versuch und Irrtum herauszufinden, wo sie im Sprung auf die Klinke drücken müssen, um ihr Ziel zu erreichen. Auch beim Hütchenspiel lässt sich eine Katze selten düpieren und behält den Becher, unter dem sich der Leckerbissen befindet, selbst beim blitzschnellen Hin- und Herschieben im Auge.

Aber die Katze ist ganz Geist, ganz Dämon,
ganz Wachheit und ganz Witz.

THEODOR LESSING

Geschichten rund um die Katze

Praxis der Katzenhaltung

Partnerschaft von Mensch und Katze

Birga Dexel: Katzen – eine Herzensangelegenheit

Birga Dexel war von Kindesbeinen an von Tieren umgeben. Schon früh fühlte sie sich besonders zu Katzen und Pferden hingezogen. Während des Studiums war sie Mitarbeiterin des Wissenschaftszentrums Berlin (WZB) und beriet den Wissenschaftlichen Beirat der Bundesregierung für Globale Umweltfragen (WBGU) in Fragen der Biodiversität. Später war Birga Dexel für die Environmental Investigation Agency in London sowie den Naturschutzbund Deutschland (NABU) als Projektleiterin für Artenschutzprojekte tätig.

Über sieben Jahre leitete sie ein Schutzprojekt für Schneeleoparden in Zentralasien. Dieses Vorhaben weckte ihr Interesse für artgerechte Trainingsmethoden, um Großkatzen, die in Gefangenschaft leben und nicht wieder ausgewildert werden können, ein möglichst katzengerechtes Leben zu bieten. Bei der amerikanischen Tierkommunikationsexpertin Penelope Smith absolvierte sie eine Ausbildung zur Tierkommunikatorin und erlernte das Clickertraining. Gleichzeitig beschäftigte sie sich mit Hauskatzen, ihren Verhaltensproblemen und deren Ursachen. In ihrer Praxis berät Birga Dexel als Verhaltenstherapeutin für Katzen Tierhalter im In- und Ausland, bietet Clickerkurse mit Katzen an, lehrt an der Universität, führt Aus- und Weiterbildungen für Laien und Fachleute durch, verfasst Fachartikel und schreibt Ratgeber zur Katzenhaltung. Als Katzenexpertin ist sie im Radio und Fernsehen aktiv. Birga Dexel ist Mitglied internationaler Katzenfachgremien. 2004 erhielt sie den »Trophée de Femmes«-Preis der Umweltstiftung »Fondation Yves Rocher«.

Adressen und Bücher, die weiterhelfen

Birga Dexel, Praxis für Tierberatung,
Postfach 620207, 10792 Berlin, Tel. 030-85967161,
Fax 03212-8596716, tierberatungspraxis@web.de,
www.tierberatungspraxis.de,
www.facebook.com/Tierberatungspraxis

**Tierärztliche Vereinigung für Tierschutz e. V.
(TVT),** Geschäftsstelle: Bramscher Allee 5,
49565 Bramsche, www.tierschutz-tvt.de

**BPT – Bundesverband Praktizierender
Tierärzte e. V.,** www.smile-tierliebe.de

Forschungskreis Heimtiere in der Gesellschaft,
Postfach 11 07 28, 28087 Bremen,
www.mensch-heimtier.de

**Urlaubs-Beratungsservice des Deutschen
Tierschutzbundes,** Tel. 02 28-6 04 96 27,
Mo–Do 9–17 Uhr, Fr 10–16 Uhr

Dexel, Birga: **Birga Dexel's Clickertraining
für Katzen.** Kosmos

Dexel, Birga: **Von Samtpfoten und Kratzbürsten.**
Kosmos

Dillitzer, Natalie: **BARF für Katzen.** Gräfe und
Unzer

Kübler, Heidi: **Schüßler-Salze für Katzen.**
Gräfe und Unzer

Linke-Grün, Gabriele: **Katzen-Spiele.**
Gräfe und Unzer

Linke-Grün, Gabriele: **Wohnungskatzen.**
Gräfe und Unzer

Scheffer, Mechthild: **Die Original Bach-Blüten-
therapie: Der schnelle Einstieg.** Irisiana

Impressum

© 2014 GRÄFE UND UNZER VERLAG GmbH, München.
Alle Rechte vorbehalten.
Projektleitung: Maria Hellstern
Textliche Mitarbeit: Cornelia Philipp
Lektorat: Gerd Ludwig
Layout: independent Medien-Design, Horst Moser
Bildredaktion: Petra Ender
Herstellung: Susanne Mühldorfer
Satz: Ludger Vorfeld
Lithos: Longo AG, Bozen

Printed in China
ISBN 978-3-8338-4144-6
1. Auflage 2014

Bildnachweis:
Alamy: 4; **animal-photography.com:** 1, 3, 12, 45; **Corbis:** 2, 5, 16, 24, 28, 32, 39, U4; **Tatjana Drewka:** 25; **Tim Eenennaam:** Cover; **F1online:** 37; **Getty Images:** 6, 7, 8, 9, 13, 14, 15, 17, 18, 19, 21, 22, 23, 26, 30, 31, 33, 38, 44, 46, 48, 49, 50; **Okapia:** 43; **Pfotenblitzer:** 27, 47; **Plainpicture:** 42; **Shutterstock:** 29, 40, 51, 52; **Stocksy:** 10, 11, 20, 34, 41, 25; **Autorenfotos:** Philipp Arnoldt

GRÄFE
UND
UNZER

Ein Unternehmen der
GANSKE VERLAGSGRUPPE

www.facebook.com/gu.verlag

Liebe Leserin, lieber Leser,

haben wir Ihre Erwartungen erfüllt? Sind Sie mit diesem Buch zufrieden? Haben Sie weitere Fragen zu diesem Thema? Wir freuen uns auf Ihre Rückmeldung, auf Lob, Kritik und Anregungen, damit wir für Sie immer besser werden können.

GRÄFE UND UNZER Verlag
Leserservice
Postfach 86 03 13
81630 München
E-Mail:
leserservice@graefe-und-unzer.de

Telefon: 00800 / 72 37 33 33*
Telefax: 00800 / 50 12 05 44*
Mo–Do: 8.00–18.00 Uhr
Fr: 8.00–16.00 Uhr
(gebührenfrei in D, A, CH)*

Ihr GRÄFE UND UNZER Verlag
Der erste Ratgeberverlag – seit 1722.

Die werden Sie auch lieben.

ISBN 978-3-8338-3592-6

ISBN 978-3-8338-3635-0

ISBN 978-3-8338-3945-0

ISBN 978-3-8338-2875-1

ISBN 978-3-8338-2410-4

ISBN 978-3-8338-2464-7

e Auch als eBook erhältlich.

Mehr von GU auf **www.gu.de** und **f facebook.com/gu.verlag**

Willkommen im Leben.